JIAOYIN SHEBEI
GONGZUO YUANLI YU ANZHUANG TIAOSHI

胶印设备工作原理与安装调试

张　阳　蔡吉飞　著

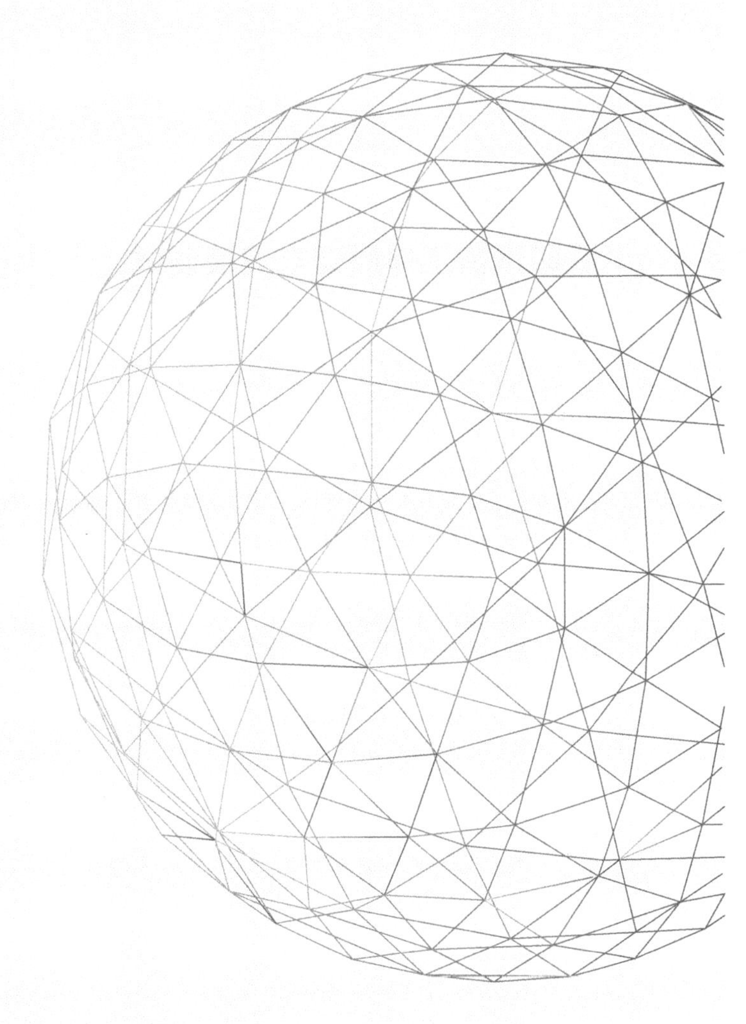

·北京·

图书在版编目（CIP）数据

胶印设备工作原理与安装调试 / 张阳，蔡吉飞著．— 北京 ：文化发展出版社，2023.10

ISBN 978-7-5142-4056-6

Ⅰ．①胶… Ⅱ．①张… ②蔡… Ⅲ．①胶版印刷－平版印刷机－调节 Ⅳ．① TS825

中国国家版本馆 CIP 数据核字 (2023) 第 144593 号

胶印设备工作原理与安装调试

张 阳 蔡吉飞 著

出 版 人：宋 娜

责任编辑：魏 欣 朱 言　　　　责任校对：岳智勇

责任印制：邓辉明　　　　封面设计：韦思卓

出版发行：文化发展出版社（北京市翠微路 2 号 邮编：100036）

发行电话：010-88275993 010-88275710

网　　址：www.wenhuafazhan.com

经　　销：全国新华书店

印　　刷：北京捷迅佳彩印刷有限公司

开　　本：710mm × 1000mm 1/16

字　　数：150 千字

印　　张：11

彩　　插：2

版　　次：2023 年 10 月第 1 版

印　　次：2023 年 10 月第 1 次印刷

定　　价：58.00 元

I S B N：978-7-5142-4056-6

◆ 如有印装质量问题，请与我社印制部联系 电话：010-88275720

前言

本书以图文并茂的方式详细介绍了胶印设备的发展历程、胶印设备的工作原理、胶印工艺与材料、胶印设备安装调试，以及胶印设备验收。本书配备了大量生产一线的图片和案例，对于读者来说非常直观，便于相关人员阅读理解。

本书以实际案例为对象，从理论和实践的角度做了认真分析，对于印刷机械设计人员、印刷生产管理人员及印刷设备安装调试人员都具有重要的参考价值。

本书第 1 章、第 2 章、第 3 章由张阳完成，第 4 章、第 5 章由蔡吉飞完成，本书在编写过程中得到了北京印刷学院印刷装备北京市高等学校工程研究中心、北京印刷学院数字化印刷装备北京市重点实验室、北京印刷学院印刷机械创新团队、北京印刷学院实习工厂等单位的大力支持，在此表示衷心的感谢。本书的撰写与出版得到了北京印刷学院 2023 年度校级创新团队项目——基于 DIC 测量的高端印刷装备凸轮驱动系统冲击动力学研究（项目编号：Ec202301）的经费支持。

本书中的案例都是以现场设备为基础，不同厂商的设备不同，所用原材料不一样，因此解决问题的方法也不一样，本书内容仅供参考。

由于时间仓促及作者水平所限，本书在编写过程中难免存在疏漏和错误之处，恳请广大读者批评指正。

作者

2023 年 5 月

CONTENTS 目录

第1章 胶印设备发展历程

印刷设备是用来复制印刷信息的设备，可以将一份信息变成多份信息。

早期，人们复制信息主要以手工为主，最简单的方法就是人工抄写。古代皇宫里面通常要雇佣很多人来抄写有价值的相关信息，但这种方法需要大量的人力和财力，要想让这些复制的信息进入寻常百姓家是非常困难的。

随着社会的发展，人们对信息交流的需求量越来越大，传统的抄写方式显然不能满足要求，取而代之的就是复制方式。最具有代表性的就是皇帝的玉玺，可以不断重复使用，并且能够保证每次盖章的内容都是一致的。随着类似玉玺盖章印刷方式的逐步演化，石印等技术开始得到广泛应用，即将文字或图像信息刻在石头上，然后在上面刷上油墨，接着就可以重复印刷了。

石印技术最大的优点就是耐印力高，但缺点是一旦有一个文字未刻好或出现损坏，整个版面就会全部报废，所以对制版人员的要求很高。

由于石印技术缺点明显，尤其是不利于少量产品的印刷，因此其很快被活字印刷术代替了。活字具备可灵活组合性，使制版成本大幅度降低，制版周期也大幅度缩短。公元一世纪初，活字印刷术一出现就呈现了飞速发展的态势，从中国传向全世界，毕昇发明的活字印刷术被公认是我国古代的四大发明之一。

到了十五世纪，欧洲的谷登堡发明了铅活字印刷机，从此印刷进入了工业革命时代，这也为印刷设备自动化发展奠定了基础。

中华人民共和国成立以后，我国印刷设备制造取得了飞速发展，特别是改革开放以后，我国印刷设备的制造水平和生产能力都得到了大幅度提高。

二十世纪五十年代以来，以北人为首的机械制造厂开始测绘仿制进口的双色印刷机，到了六十年代初第一台 J2201 型印刷机问世，从此我国也进入了自主生产自动化胶印机的时代。J2201 型胶印机是第一台国产对开双色 01 型单面胶印机。这台胶印机的制造成功，为国产印刷机的发展奠定了坚实的基础。

自从有了第一台对开双色单面胶印机后，陆续又研发了对开单色单面胶印机、对开单色双面胶印机。对开双色单面胶印机经过多代发展，最后定型为 J2205 型胶印机，简称为 05 机，如图 1.1 所示。05 机最原始机型为 01 机，后来发展成为 03 机，随后又发展成为出口型的 04 机，最后定型为国内版的 05 机。

图 1.1　J2205 型对开双色单面 05 型印刷机

对开单色单面胶印机最后定型为 J2108 型胶印机，简称为 08 机。虽然后来人们又准备在此基础上进一步改型，但由于 08 机已被大多数人所接受，因此改型换代也就到此结束。但随着控制技术的不断进步，如 PLC 控制技术、变频技术等在 08 机上电气控制系统里面推广应用，就又有了后来的 08A 或 08B 型机器。到了二十一世纪初，J2108 机基本上定型为 J2108B 型机，如图 1.2 所示。

图 1.2　J2108B 型对开双色单面 08 型印刷机

对开单色双面胶印机最后定型为 J2102S 印刷机，简称为 02 机，如图 1.3 所示。这款机器的出现极大地促进了书刊印刷业的繁荣，成为各家出版物印刷厂首选的印刷设备。

图 1.3　J2102S 型对开单色双面 02 型印刷机

从二十世纪九十年代到二十一世纪的前十年，这三款机器一直在印刷行业占据重要地位。国内除了北人生产的 08 型及 05 型胶印机外，又出现了江西 08

型及05型胶印机，太原、哈尔滨、新乡和如皋的08型及05型胶印机。值得一提的是如皋在08型及05型的递纸机构上做了重大改进，速度可以达到10000转/时以上，如图1.4所示，号称“08王”。

图1.4 如皋“08王”

除北人生产的这几款机器外，上海人民机器厂也生产了类似机型，湖南邵阳和江西景德镇还生产了四开系列胶印机。

除商业印刷机外，办公型轻印刷机（简称小胶印机）从二十世纪九十年代也进入了飞速发展阶段。以营口冠华和潍坊华光为代表的两个小胶印机生产厂家由开始引进技术，发展到自主研发、生产小胶印机。除这两个厂家生产小胶印机外，北人集团、多元电气等企业也开始生产小胶印机，如图1.5所示。此外，潍坊还形成了“小胶印生产之乡”，一个城市有几十家小胶印机制造厂。

1998年到2005年是国产小胶印机发展的巅峰。这段时间国产小胶印机年产量超过2000台。营口冠华等还形成了小胶印机生产流水线，小胶印机的价格也开始大幅度下降。至今小胶印机仍然有部分市场存在，每年还有上百台的需求量。

在单双色印刷机发展的同时，北人于1986年开始研制PZ4880系列对开四色胶印机，并于 1989 年中标联合国教科文组织采购项目。这一历史性成就极大地促进了北人四色机的发展。当时各省市新华印刷厂每家至少采购两台以上北人四色机。随后北人又聘请了德国专家进行四色机研发工作，开发出了 N300 系列对开四色机，这个机型代表了北人印刷机的综合制造水平。现在国内仍然有部分 N300 印刷机在工作，经过实践证明这是一款技术上可靠的印刷设备。

图 1.5　八开四色小胶印机

在北人开发四色机的同时，上海光华公司也开始生产四开四色胶印机，如图 1.6 所示，其中第一批四开四色胶印机中有一台于 1990 年销售给了山东荷泽一家扑克印刷厂。上海光华印刷机在二十世纪九十年代和二十一世纪前十年进入高速发展阶段。在四开系列胶印机定型后，上海光华公司又开始了对开系列胶印机的开发工作。在 2010 年前后开发出速度为 15000 转 / 时的高速印刷机，可以说上海光华在这个时期也达到了印刷机制造技术发展的巅峰。

2010 年后，由于金融危机的影响，加之国外二手设备开始批量进入中国市场，中国印刷机制造业受到了一定冲击。小胶印机制造厂家受冲击比较严重，很多原来办公使用小胶印机印刷产品的用户，为了提高产品质量也开始使用商业印刷机印刷产品，结果使小胶印机的市场受到了极大冲击。营口冠华、山东潍坊两家印刷机制造厂不得不开始转型生产商业版的八开四色、四开四色胶印机。由于多种原因，到了2018年，这些小胶印机制造厂绝大部分退出了历史舞台。除此之外，北人系列单张纸印刷机、上海光华系列单张纸印刷机、如皋单张纸系列印刷机也都结束了历史使命。

图 1.6　上海光华四开四色胶印机

虽然单张纸系列胶印机发展放慢了脚步，但卷筒纸印刷机的发展却欣欣向荣。北人系列卷筒纸印刷机（见图 1.7）、上海高斯卷筒纸印刷机一直处于平稳发展阶段。如今这两家卷筒纸印刷机制造厂已经占领了国内卷筒纸印刷机 100% 的市场。

老的一批印刷机制造企业结束了使命，新的一批印刷机制造企业又走到了台前。近几年，江苏如皋出现了几家对开双面单色、双面双色系列印刷机生产厂家，上海紫明也生产此系列机器。目前国产黑白机和双面双色印刷机市场基本上都被这几家企业所垄断。

目前国内生产超大幅面单张纸胶印机的厂家比较少，河南新乡一家印机制造厂近几年在全张四色机、五色机上取得了技术突破，机器速度达到了 13000 张 / 时。该公司近两年大幅面胶印机产量迅速增加，印刷品质量基本上能够满足绝大多数印刷企业的要求。

图 1.7　北人系列卷筒纸印刷机

随着传统印刷机发展进入瓶颈阶段，国产数码印刷机却开始进入快速发展阶段。2015 年以来，方正数码、圣德数码等印刷企业取得了长足进步，特别是 2020 年以来，国产数码印刷设备进入了高速发展阶段。很多出版单位印刷 1500 本以下的出版物都使用数码印刷。目前国内正在开发 1200dpi、1500dpi 等高端数码印刷设备，一旦这些数码印刷设备为市场所接受，特别是如果国产喷头能够进入市场，传统印刷技术将会受到巨大挑战。

随着电商行业的快速发展，标签印刷行业也进入了高速发展阶段。温州炜岗、玉田万杰、潍坊东航等标签印刷机制造企业所生产的标签印刷机几乎占领了国内标签印刷机的全部市场，同时还大量出口国外，进入了欧洲和美国市场。可以说现在世界范围内的中高端标签印刷机市场几乎都有国产标签印刷机的身影。

与胶印机制造行业相比，国产凹版印刷机、柔版印刷机也取得了长足进步。由最开始的引进技术，到后来的消化吸收，再到今天的自主创新，国产的凹版印刷机及柔版印刷机已经进入了世界一流方阵。国内目前这类设备已经很少从国外进口了。

在国产印刷机制造企业高速发展的同时，国外印刷机制造厂也紧盯中国印刷业的脚步。自从 1979 年北京新华印刷厂引进德国海德堡印刷机后，国外印刷机厂商开始大举进入中国市场。典型的代表企业有德国的海德堡、罗兰、高宝，日本的三菱、小森、秋山、樱井、滨田、富士，瑞典的桑纳，捷克的阿达斯特等。随着这些外国企业生产的部分印刷设备被国产印刷设备所替代，它们大部分都已经退出了中国市场。目前在中国市场还占有一席之地的就是德国的海德堡、高宝，日本的三菱（已和日本的利尤比公司合并）、小森等。今天，国内高端印刷机市场仍然被这些国外厂家所垄断，如图 1.8 所示。

图 1.8　海德堡、三菱、高宝等公司生产的高端印刷机

虽然目前国产胶印机制造仍然存在种种困难，但国产胶印设备技术进步的脚步一直没有停止。可以预见，国产胶印机制造技术在不远的将来一定会再上一个台阶。

第2章 胶印设备工作原理

2.1 胶印设备工作原理

2.1.1 印刷单元的工作原理

胶印设备分为单张纸和卷筒纸两大类。单张纸和卷筒纸的核心单元都是由三部分组成的，即印刷版固定装置、转印橡皮布固定装置和纸张固定装置。在工作过程中，先将印版上的图像（见图2.1）转移到橡皮布表面，然后再由橡皮布（见图2.2）将图像转移到纸张（见图2.3）表面。其中，橡皮布的作用是最重要的，在压合过程中，利用橡皮布的形变使印版上的图像充分转移到橡皮布表面，然后再全面转移到纸张表面。在这个过程中，橡皮布的作用一是弥补了机器的加工误差，能够完全将印版上的印迹连续地转移到纸张表面；二是避免了纸张直接与印版接触造成印版损坏，延长了印版的使用寿命，降低了印版成本。正是由于橡皮布的这个作用，胶印技术才被广泛地用于图像印刷。但也正是因为这个问题，导致橡皮布上的图文面积与印版上的图文面积大小不相等，最后使纸张表面的图像与实际图像的形状（内部局部变形）或外围尺寸大小有所差别，这也是为什么胶印技术不适用于防伪等精确复制。

图 2.1　印版

图 2.2　橡皮布

图 2.3　纸张

实现胶印印刷的结构有多种，一种代表性的结构就是如图 2.4 所示的传统打样机。图 2.4（a）最右边是水墨路及橡皮滚筒组合装置（可以一起移动），中间是放印刷纸张的位置（表面上有图像），最左边是放印版的位置（图像很不清晰）。在工作过程中，组合装置（水路装置 + 橡皮滚筒装置 + 墨路装置）先从右向左移动（通过传动齿轮在床身两侧齿条上的转动实现，齿条静止不动，齿轮在电机的带动下转动，从而带动组合装置移动），此时橡皮滚筒处于高位（离压位置，不与纸张和印版接触）状态，不与纸张和印版接触，水墨路部分也不与纸张接触。但到印版位置时白色水辊（组合装置上的白色辊子）与印版接触（合水，即往印版上上水），使印版表面的空白部分上水。水路部分过去后，橡皮滚筒右边的（随后而来的）墨路部分与印版上的图像接触，给图像部分上墨（合墨，往印版表面上墨）。当组合装置运动到最右侧时，操作人员可以检查印版表面水墨平衡状况是否满足印刷要求（即水大墨小，水小墨大等情况，有无糊版或花版等故障）。如未达到水墨平衡要求，还要重复进行此过程。当确认水墨平衡满足要求时，组合装置在从左向右（返程）的运动过程中水墨路抬起（水墨路离压），不与印版和纸张接触，而橡皮滚筒开始降低到最低位置（合压位置），与印版表面接触，将印版表面上的油墨转移到橡皮布表面。当橡皮滚筒再向右移动时，橡皮滚筒与纸张表面接触，将橡皮布表面的油墨转移到纸张表面，这就完成了一次印刷过程。如果还需要进行第二次或第三次印刷，更换上面的纸张，重复上述步骤即可。2005 年以前，60% 以上的印刷厂家都配有这样的胶印打样机，还有些大型印刷厂家，甚至配备双色打样机（每次可以打两个颜色）。北京、上海等城市还出现了胶印样张专业打样公司，配备了多台胶印打样机。但由于这种打样机对人员操作水平要求很高，另外由于数字打样的实用化，这类打样设备 2010 年以后开始逐渐退出市场。除了极少数特殊行业还在使用这类传统的打样机，现在几乎所有的印刷厂都采用数字打样技术。

（a）

（b）

图 2.4　传统打样机

上述打样机通过一个滚筒和两个平台完成胶印印刷过程。还有一些印刷机可通过两个滚筒完成胶印印刷过程，其原理如图 2.5 右边的图形所示。上下两个滚筒直径为 1 : 2，即下面滚筒相对上面滚筒可称为倍径滚筒。此滚筒一半是装版部分，另一半是装纸部分。工作过程中，倍径滚筒上的印版表面先开始上水上墨，然后再与单倍径橡皮滚筒表面接触，印版图文上的油墨就转移到橡皮滚筒表面。当滚筒继续转动时，倍径滚

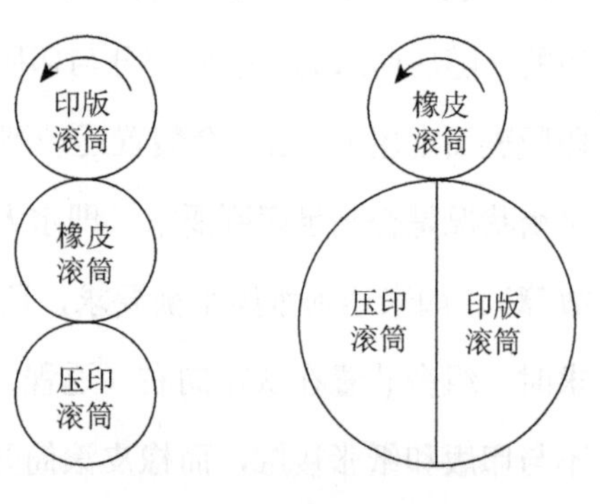

图 2.5　胶印单元示意图

筒上带着纸张的那部分进入橡皮滚筒，将橡皮滚筒表面上的油墨转移到纸张表面，从而完成一次胶印印刷过程。根据需要，这个装置也可以上下对倒（也可放在水平一条线上），将小滚筒（橡皮滚筒）放在下面，大滚筒放在上面。对于两滚筒结构的印刷机，由于压印滚筒直径加倍，有利于厚纸印刷，所以这种结构仍然有一定的市场。但其中一个明显缺点是印版位置不能自动调节，给印刷带来很大不便，所以这种结构只适合单面单色印刷或双面印刷，现在市场上已经没有这样的印刷机了。

2.1.2 离合压机构的工作原理

上面这两种结构虽然在胶印技术发展过程中都有应用，但并不代表胶印设备的主流技术。目前胶印机最常用的都是三滚筒结构，即每个滚筒承担一个任务。最上面的通常是印版滚筒，中间是橡皮滚筒，最下面的是压印滚筒。双面印刷时，印版滚筒在最下面，橡皮滚筒在中间，压印滚筒在最上面。由于离压和合压（工作状态和非工作状态转换）及最小滚筒直径的需要，三个滚筒不能在一条直线上，通常三个滚筒中心连线的角度在120°左右，不同制造厂家的印刷机，中心连线的角度有些差别。三滚筒胶印机离合压原理有两种，一种称为同时离合压，另一种称为顺序离合压，如图2.6和图2.7所示。当采用同时离合压原理时，橡皮滚筒一次摆动到位，在此位置时橡皮滚筒可同时与印版和压印滚筒保持接触。这种结构的最大缺点是，橡皮滚筒到位时，印版滚筒和压印滚筒都必须缺口相对（滚筒的缺口必须大于三滚筒的排列角120°），这种结构的三滚筒表面利用率比较低。由于同时离合压存在的缺点，后来人们就发明了顺序离合压。工作时，橡皮滚筒先与印版滚筒合压，然后再与压印滚筒合压。这种结构的最大优点是大幅度提高了滚筒表面的利用率。现在几乎所有的印刷机都采用了顺序离合压原理。

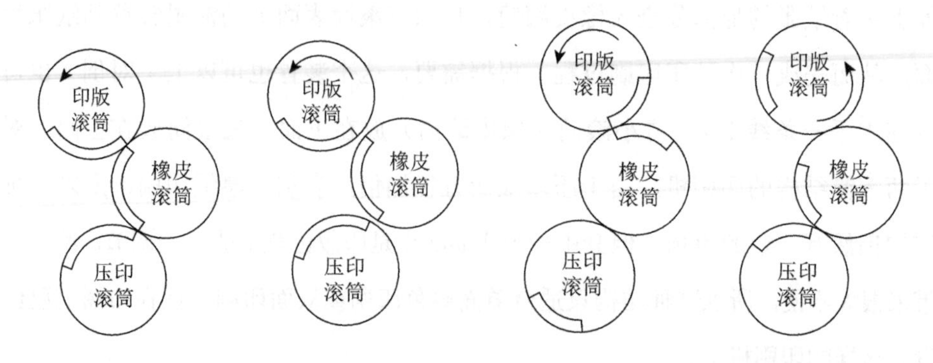

图 2.6　同时离合压原理　　　　图 2.7　顺序离合压原理

顺序离合压原理具有显著优势，同时离合压就逐步退出了历史舞台。但事实上同时离合压原理也是有优点的，在实际生产中也还在应用。其优点是一次转动到位，不需要二次推动。与顺序离合压相比，减少了二次推动机构。其缺点是如果滚筒缺口比较小，则在印刷过程中第一张纸会出现半白半彩现象（前半部分无图像，后半部分有图像），也就是说第一张纸是废品，后面几张纸印刷质量也或多或少受到影响（离压时也会出现类似问题）。如果保证不出现半彩半白问题，那么橡皮布表面上的油墨就有可能转印到压印滚筒表面，造成印品背面上脏。这种矛盾是不可调和的，解决的办法只能是放弃同时离合压。

不过，如果能保证在采用同时离合压原理时橡皮滚筒在合压到位瞬间只与印版滚筒接触，而不与压印滚筒接触，这个问题就解决了。那么什么时候可以出现这种情况呢？那就是当印刷纸张比较厚时可以满足这个条件，即当纸张厚度达到 0.2mm 以上时。因为印刷压力一般不超过 0.15mm，因而在合压无纸时，橡皮滚筒与压印滚筒表面是不接触的，它们之间至少有 0.05mm 以上的距离。

另外一种采用同时离合压原理的理由是不考虑第一张纸或前几纸张的印刷质量，这种情况适合单面单色或双面单色的印刷机。还有一种理由是对产品质量要求不高时，可以考虑采用同时离合压原理。事实上同时离合压与顺序离合压原理只是在合压或离压过程中印刷产品的质量会有所影响，中间过程它们的印刷质量是完全一样的。还有，在正常印刷过程中离合压都是属于出现不正常情况，但在印刷机印刷过程中，这种不正常情况的出现频率都不会很高（如果很高，说明机器发生故障），所以这两种离合压原理在印刷机设计中都是可以考虑采用的。不过一般印刷机如果薄厚纸都印，而且要求质量比较高，建议最好采用顺序离合压原理。

过压量也是离合压过程中要考虑的一个问题。当橡皮滚筒中心由o2点转过橡皮滚筒与印版滚筒的中心连线*ot*点，再到点*o*1时，橡皮滚筒与印版滚筒之间会形成一个由小压力到大压力，再由大压力到小压力的过程，橡皮滚筒的中心在*ot*点时的橡皮滚筒和印版滚筒之间的压力和橡皮滚筒中心在*o*1点时橡皮滚筒和印版滚筒之间的压力之差就称为过压量。如图2.8所示，过压量可表示为$l_{gpl}=l_{obo1}+l_{obo2}-l_{obop}$。一般这个过压量控制在0.03mm以内。过压量越大越稳定（仿止橡皮滚筒偏心套回摆），但要求偏心套的转角也越大，所以两者之间必须取一个折中值。考虑到过压量，为了避免在离合压过程中滚筒表面出现超过印刷压力的挤压，应慎重确定离合压的时序位置。当橡皮滚筒与印版滚筒合压时，橡皮滚筒要提前到达合压位置，这样当印版滚筒的叼口过来时，印版表面与橡皮滚筒的低表面接触，属于正常印刷压力。同样，当橡皮滚筒与压印滚筒合压时，压印滚筒要提前到达合压位置，当橡皮滚筒过来时，它与压印滚筒表面纸张形成接触压力，这也属于正常印刷压力。对于走肩铁的机器，过压量是必须要认真考虑的问题，过压量大表明滚筒肩铁表面要产生接触变形或损坏。如果要保证有过压量，则过压量应该在各个环节所能允许的弹性变形和间隙误差总和之内。按此推论，滚筒

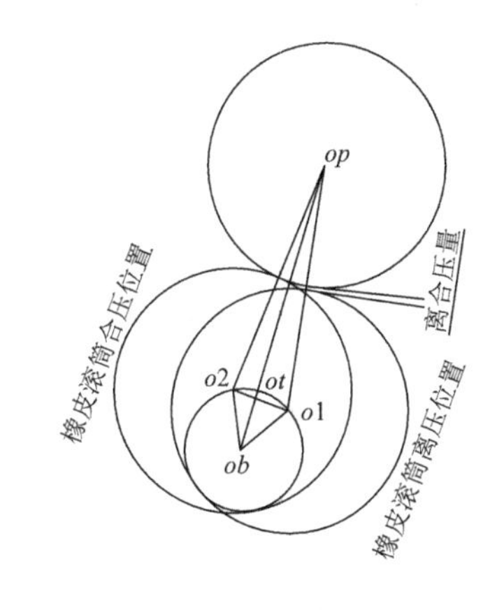

图2.8　离压量检测方法

走肩铁时，滚筒表面应保证足够小的间隙，以不相互接触为宜。这个足够小的间隙就用来消除滚筒接触时产生的振动（即间隙远小于滚筒接触时产生的振动幅值，或相互之间处于过渡接触状态）。对于三点悬浮式离合压机构，由于复位弹簧的作用，滚筒可以完全接触，这种机器走肩铁更可靠。

离合压量大小控制是保证橡皮滚筒在合压时能够与两滚筒接触，离压时与两滚筒脱开。由于印刷压力一般不超过 0.3mm，理论上讲只要离合压量大于这个数值就能保持离合压机构正常工作。对于印版与橡皮滚筒，单纯从保持两个滚筒之间的印刷压力正常来说，至少要离开 0.3mm。另外再考虑印版滚筒和橡皮滚筒表面上的油墨等因素，可以将这个数加大一倍，即 0.6mm。所以印版滚筒与橡皮滚筒的离合压量一般控制在 0.6 ～ 1mm。橡皮滚筒和压印滚筒之间的离合压量除了考虑上面这些因素，还要考虑纸张厚度问题。纸张越厚，离压时橡皮滚筒与压印滚筒纸张表面之间距离就越小。鉴于这些问题，橡皮滚筒与压印滚筒之间的离合压量要考虑最大纸张厚度，即在最厚纸张的基础上增加 0.6mm。如果印刷机最厚纸张为 0.6mm, 则离合压量控制在 1.2mm 左右。所以通常这两个滚筒之间的离合压量控制在 1.2 ～ 1.8mm。在确定离合压量时，除了上面这些因素，还要考虑齿轮模数和侧隙的影响。一般来说齿轮工作在分度圆位置时最平稳，但离压时，齿轮要离开这个位置，所以齿轮啮合过程中离这个位置越近越好。离合压机构直接影响机器的工作状态。如果离合压机构失灵了，在保证不出现安全问题的情况下（一般不允许，如必须操作，一定要由专业人员来进行此操作），可以让机器始终处于合压状态下工作，利用过版纸去除压印滚筒表面多余的油墨。

离合压机构有两种，一种是偏心套式离合压，另一种是三点悬浮式离合压。偏心套式离合压原理是通过偏心套的转动改变滚筒中心之间的距离，如图 2.9 所示。偏心套外圆中心为 *ob*，内孔中心为 *o*1（即橡皮布滚筒中心），偏心套转动时，外圆中心 *ob* 始终不变，但内圆中心 *o*1 绕着 *ob* 点往复摆动，改变了橡

皮滚筒中心 $o1$ 点与印版滚筒中心 op 点之间的距离，从而实现了印版滚筒与橡皮滚筒之间的离合压。这种机构的优点是可以通过回转运动实现位置调整，离合压平稳。缺点是要实现预定的离压量，要么偏心套的转角大，要么偏心套的偏心量大。偏心套的转角大，对驱动机构要求就比较苛刻。如果偏心量大，则会导致偏心套的壁厚差别较大，为了保证偏心套的工作强度，必须加大偏心套的尺寸。所以现在印刷机离合压机构设计时就是在这两个条件下取折中值。相对偏心套离合压，另外一种就是三点悬浮式离合压。这种离合压机构的工作原理是通过橡皮滚筒轴头上的偏心套或凸套推动带有弹簧的支点运动而实现橡皮滚筒的位置离合，如图 2.9 和图 2.10 所示。橡皮滚筒的轴端由支撑点 1、支撑点 2、支撑点 3 三点支撑，其中支撑点 1、支撑点 2 在离合压时是固定不动的，而支撑点 3 在离合压过程中是可以往复移动的。当凸套的高点和支撑点 1、支撑点 2 接触时，支撑点 3 处的弹簧被压缩，两滚筒离压；否则，当凸套的高点和支撑点 1、支撑点 2 不接触时，两滚筒离压。如果采用偏心套，其对离合压机构的要求同上（和偏心套离合压一样，也需要较大空间）。如果采用凸套，则可以调整离合压机构的工作时间，在较短的时间内实现橡皮滚筒中心大范围移动。

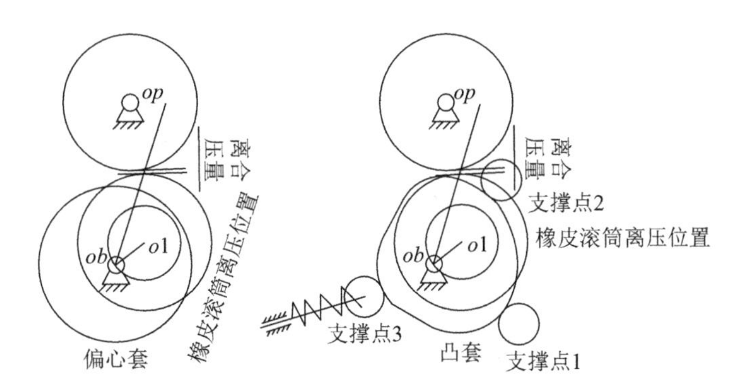

图 2.9　两种常用的离合压机构

图 2.10　海德堡三点悬浮式离合压机构

这两种离合压机构在印刷机上都有应用，但哪一种更好呢？多年来的生产实践表明，多数人认为偏心套的离合压机构工作稳定，网点相对比较结实。而三点悬浮式离合压机构在受到过大压力时会产生一定的波动（弹簧支点引起的），所以网点没有偏心套的结实。不过对于绝大多数产品来说，这两种机构的印刷质量没有太大差别。三点悬浮式离合压机构的优点是可对滚筒有一定保护作用，而偏心套离合压机构则不具备这个功能，不过在实际过程中用到这个保护功能很少。从印刷机总体发展趋势来看，用偏心套离合压机构的厂家越来越多，三点悬浮离合压机构有逐渐被淘汰的迹象。

目前印刷机上离合压机构的驱动机构一般有三种：机械式离合压（见图 2.11）、气动式离合压、电动式离合压。1995 年以前，机械式离合压机构占绝大多数，这种机构的优点是工作稳定，但结构复杂。如果零部件质量不过关或调整不到位，故障率相对比较高。气动式离合压机构结构简单（见图 2.12），元件相对较少。只要保证气动元件质量可靠，故障率相对比较低。2005 年后有的厂家推出了电动离合压机构，由电机带动偏心套转动。从现在多数印刷机来看，采用气动离合压机构占大多数，主要原因是气动离合压机构简单、成本相对较低，维修也方便。从离合压的稳定性角度看，机械式离合压机构要比气动式离合压机构稳定，因为气动过程是瞬时的，而机械式是由凸轮曲线控制的。这也是为什么在很多厂家都采用气动式离合压机构时，而三菱公司仍然采用机械式离合压（见图 2.13）。

图 2.11　传统设备离合压机构

图 2.12　气动离合压机构

图 2.13　进口传统离合压机构

2.1.3　调压机构的工作原理

与离合压机构对应的就是调压机构。调压机构的原理也是通过改变偏心套的转动位置，来改变滚筒的中心距，所以还需要在滚筒的轴头上装调压用的偏心套。传统印刷机将橡皮滚筒与印版滚筒之间的调压机构装在印版滚筒的轴头上，橡皮滚筒与压印滚筒之间的调压机构装在橡皮滚筒的轴头上。这样在橡皮滚筒的轴头上就出现了双偏心套（三滚筒离合压的偏心套也装在橡皮滚筒轴头上），这也是胶印机结构复杂的另一个主要原因，如图 2.14 所示。偏心套的位置调节通常是通过蜗轮蜗杆机构实现的，也有的采用螺纹机构来调节的。不管采用哪种机构，最重要的就是在到达指定位置后能够自锁。调压量相对离合压量一般要小得多，印版滚筒和橡皮滚筒之间压力调节一般不超过 0.3mm，橡皮滚筒和压印滚筒之间压力调整一般不超过 0.5mm，其具体值根据印刷机的结构有所区别。要特别注意的是，离合压时因多种原因有可能会造成偏心套转动角度超过规定的角度，所以几乎所有的橡皮滚筒轴头上都装有阻尼压垫，来消除橡皮滚筒终点位置的抖动。

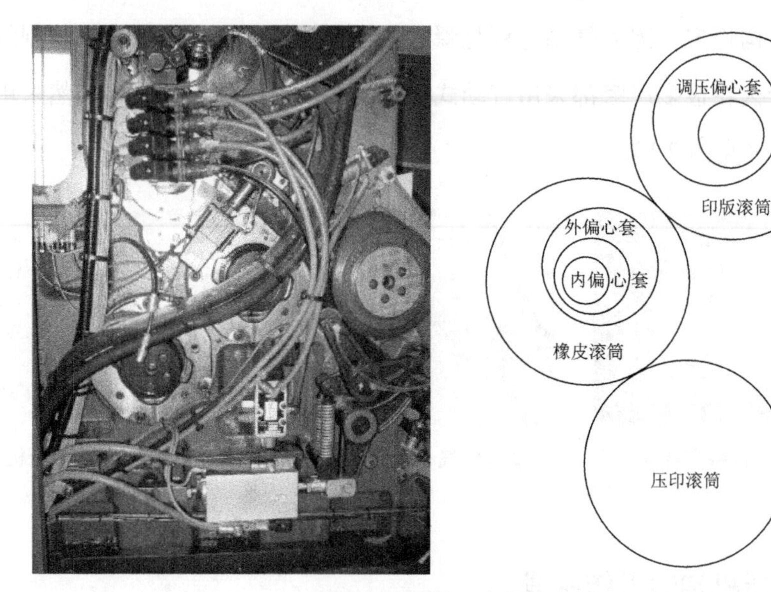

图 2.14　双偏心套结构

随着人们对印刷机的理解逐步加深和加工技术的不断进步，调压机构得到了进一步简化。首先取消了印版滚筒和压印滚筒之间的调压机构。原来的这套调压机构除了调压作用外，还有弥补左右两侧墙板的加工误差作用，现在由于加工中心的采用，这种加工误差已经接近于零了。另外，由于印版厚度基本固定，不需要考虑印版厚度变化对印刷压力的影响，综合这两个因素，取消了这套调压机构。对于橡皮滚筒和压印滚筒之间的调压机构，通过结构优化设计可以将离合压机构和调压机构合二为一，取消了专用于调压的偏心套，如图 2.15 所示。可以说由于采用了这些技术，印刷机的结构与以前相比，有了大幅度的简化。再加上加工技术的进步，印刷机的质量和可靠性都有了显著提高。

实际上在各种各样的机器中，都广泛用到偏心套来调节两个回转部件的中心距，如图 2.16 所示。但是深入细致研究偏心套后，会发现在调整橡皮滚筒与压印滚筒之间压力的时候，橡皮滚筒与印版之间的压力变化很小。这个原因主要是偏心套可以分成四段，偏心套的大边和小边变化最缓慢，偏心套大小边之间夹的两边是快速变化边。充分利用这个特性，将偏心套的快速变化边对着要调整的中心距，将偏心套变化比较缓慢的边对着印版滚筒。因此，当偏心套转动时，印版滚筒和橡皮滚筒的中心距变化很小，橡皮滚筒和压印滚筒之间的中心距变化比较大，从而实现了橡皮滚筒和压印滚筒之间的压力调整。

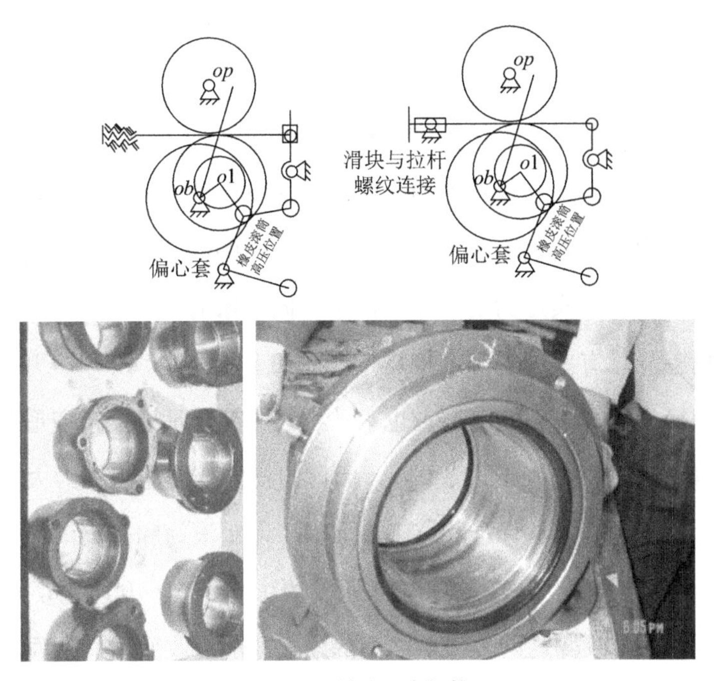

图 2.15　单偏心套机构

图 2.16　偏心套式的调压机构

2.1.4 印刷压力的形成原理

印刷机设计时的一个关键参数是印刷压力，如图 2.17 所示。印刷压力的大小直接影响机器负载的大小，直接影响各零部件的强度和刚度设计。通常在描述印刷压力时都是用接触滚筒表面材料的变形量来表示。例如，印版滚筒和橡皮滚筒接触时，橡皮布的变形量（默认印版滚筒表面不变形）乘以橡皮布的胡克系数就可以得到真实压力的大小。由于不同厂家的橡皮布有所差异，有些厂家还在橡皮布下面加上不同的衬垫，因而导致橡皮布的变形量也不一样（一部分是橡皮布变形造成的，另一部分是其下面的衬垫变形造成的），因此同样的变形量，压力大小是有差别的。正如上面所说的，在标准状态下，取消了印版滚筒和橡皮滚筒之间的压力调整机构，那就认为它们之间的压力是不变的，即 0.05 ～ 0.15mm，通常取中间值 0.1mm。如果要改变这两个滚筒之间的压力，那么改变它们下面的包衬厚度或材料即可。除了橡皮滚筒和印版滚筒之间的压力要严格控制，橡皮滚筒和压印滚筒之间的压力也要严格控制。它们之间的压力理论上来说应该是固定不变的，但由于印刷时纸张厚度不能保持不变，所以印刷压力必须可调，以满足相近厚度纸张的印刷要求。橡皮滚筒和压印滚筒之间的印刷压力是通过橡皮滚筒轴头上的偏心套转动来调节的，一般来说印刷机的印刷压力可调范围都比较小，通常都在 0.5mm 以内，主要原因是齿轮侧隙所限。三点悬浮式橡皮滚筒是通过橡皮滚筒轴头上的两个固定支点来调整的，这两个支点都是偏心可调的，但在离合压时，它们是固定不变的。两个支点中一个是调整橡皮滚筒和印版滚筒之间压力所用（维修机器时用，其他时间不用），另一个支点是调整橡皮滚筒和压印滚筒之间压力用的，该支点的转动既可通过手动扳手来调整，也可通过伺服电机来调节。

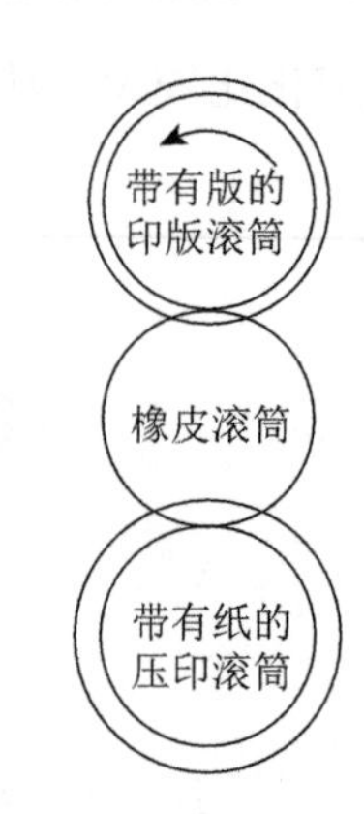

图 2.17 印刷单元示意

理论上三个滚筒的直径应大小相等，这样才能够准确地将印版上的图像转移到纸张上。但是由于橡皮布变形和印刷纸张需要经常更换，三滚筒直径配比关系也要相应变化，实际过程中要保持三滚筒直径比例关系不变化是不可能的。目前大家普遍接受的三滚筒直径搭配关系如下：印版滚筒直径比分度圆齿轮直径大 0.2mm, 橡皮滚筒直径比分度圆直径小 0.1mm。压印滚筒直径取决于印刷纸张，在标准 100g/m^2 的条件下，其滚筒直径也是比分度圆直径大 0.2mm。当印刷纸张厚度增加时，压印滚筒的直径增大了，但由于滚筒是等角速度转动，所以厚度增加时，纸张表面的纵向印刷图文缩短。同样如果在印版滚筒下面增加包衬厚度（同时要减少橡皮布下面的包衬厚度），印刷的纵向图文长度也会变化。利用此原理可以弥补印刷色组之间的纵向套印误差。

2.1.5 印版滚筒的工作原理

印版滚筒的装版机构如图 2.18 所示，将其展开为平面可以看出，这就是最传统的固定方法。该装版机构具有以下功能：一是能够将印版可靠固定在滚筒上（左右要居中，便于多色印版进行套印调整，前后要张紧，防止印版在滚筒上面相对滑动）；二是能够将印版进行前后、左右调整（要往前面调整，松开后面的螺钉，拧前面的螺钉，则印版向前移动；要往后面调整，先松前面的螺钉，后拧后面的螺钉，则印版向后移动。进行前后调整时，要将左右固定螺钉松一圈以上；进行左右调整时，要将前后固定螺钉略微松一下）；三是能够对印版进行歪斜调整（当印版左右前面两侧的调整量不一致时，就可实现歪斜调整）。一般情况下，在安装印版时，每个螺钉至少要拧 5 圈以上，合计装一个版至少要拧 80 圈螺钉，这是在所有操作都属于正常操作的情况下所需的圈数。为了减少拧螺丝的次数，很多印刷操作员在装版时，后版夹子是松开的，只把版塞进去，既不固定也不拧紧；前版夹子位置调整好后，也就不再调整了，这样拧螺钉的转数得到大幅度减少，特别是采用快速装版机构后，装版速度就更快了。

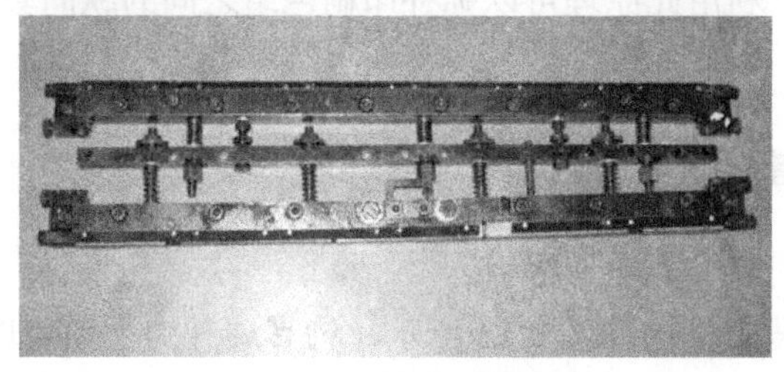

图 2.18　印版滚筒的装版机构

由于传统装版机构存在缺点，人们发明了快速装版机构，通过版夹子内的偏心轴转动实现版夹子的开闭，大幅度减少了拧螺钉的时间。后来人们又在此基础上进行改进，发明了半自动装版机构（操作员只负责把印版放在版滚筒叼口边的版夹子里就行了）、全自动装版机构（操作员只负责把版放到版盒里即可）。现在半自动装版机构或全自动装版机构已经成了印刷设备的标准配置。

一般版滚筒在设计时都在其下面留有 0.2 ～ 0.4mm 的衬垫空间（通常说的两张纸）。但由于印版频繁更换，操作很不方便，所以部分厂家在印版滚筒表面贴上一层胶片，既避免了频繁换纸，同时又可防止印版表面磨蚀，可谓一举两得。

拉版机构就是通过机械结构调整使印版滚筒周向（也叫纵向或前后）和轴向（也叫横向或左右）相对移动。最新的拉版机构还增加了滚筒的歪斜调整功能。

印版的轴向调节是通过印版滚筒的轴向移动实现的，如图 2.19 和图 2.20 所示。在印版的滚筒轴头上装有两套推力轴承，两套推力轴承之间夹一个套筒，通过外力调整套筒移动，从而带动滚筒左右移动。在调整套筒移动的过程中，由于推力轴承的存在，套筒移动并不影响滚筒的转动。而在滚筒的另一头，滚筒的传动齿轮与轴上的固定摆杆上的销轴之间可以相对移动，从而不改变齿轮的相对位置。通常滚筒左右移动量可控制在 -2.5mm 到 +2.5mm。同样滚筒周向调节也是如此，调整齿轮所在的套筒，即在齿轮套筒外面还有一个墙板套筒，这个墙板套筒与齿轮套筒之间有两个推力轴承保持联系。调整墙板套筒的位置就可调整齿轮套筒的位置，齿轮就在前面所说的摆架上相对移动，实现了周向调节与周向调节互相独立的要求。由于周向调节是靠斜齿轮错位，因而其调整量与斜齿轮的螺旋角有密切关系。但螺旋角又不能太大（会产生过大的轴向力），因此一般周向调整量控制在 -1.5mm 到 +1.5mm。随着印版打孔定位技术的广泛应用，印版的安装偏差一般不会超过 0.5mm，大多数情况下，误差控制在 0.2mm 以内。对于要求不高的产品，装上版后，就可以直接开机印刷了。

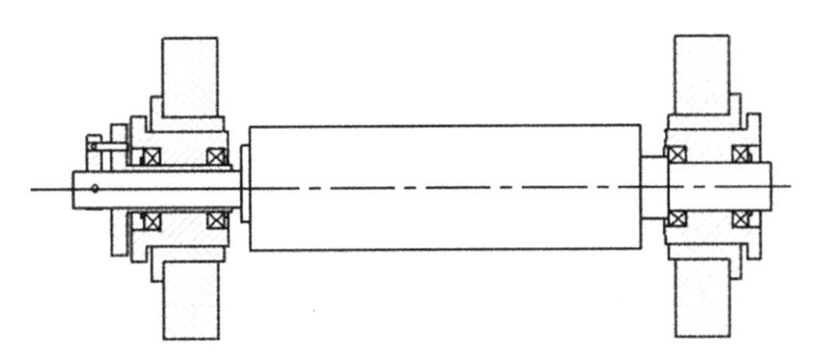

图 2.19　拉版机构示意图

图 2.20　滚筒轴头上的拉版机构

除了周向拉版和轴向拉版外，现在的印刷机上又增加了对角拉版，即让滚筒的轴线相对错位，如图 2.21 所示。但是不同制造厂家采取的方法不一样，部分厂家采用在版滚筒的轴头上增加一个偏心套来调整印版滚筒的轴线角度。部分厂家是在传纸滚筒的轴头上增加一个偏心套来调整传纸滚筒的轴线角度（相当于间接调整印版滚筒的轴线位置）。印版滚筒轴头结构本身已经比较复杂了，再加一套调整机构就更复杂了，但从色组的角度看，比较规范。在传纸滚筒轴头上增加调整机构，相对难度要小一些。滚筒轴线调整就涉及传动齿轮问题，一般滚筒传动齿轮的侧隙在 0.1mm 左右。当滚筒的轴线倾斜 0.01mm 时，假设滚筒的轴的长度为 1500mm，齿轮的宽度为 50mm，则滚筒另一端的可调整量为 0.01×1500/50=0.30mm。所以一般滚筒的轴钱调整量控制在 -0.25mm 到 +0.25mm。滚筒轴线的调整对滚筒的运转会产生一些影响，因此滚筒的轴承应该更换为调心轴承，版滚筒的齿轮硬度相对橡皮滚筒等应略有降低（推测）。对角拉版技术的使用使得印刷机的找规矩时间大幅度缩短，一般产品找规矩时间都在 5 ～ 10 分钟。

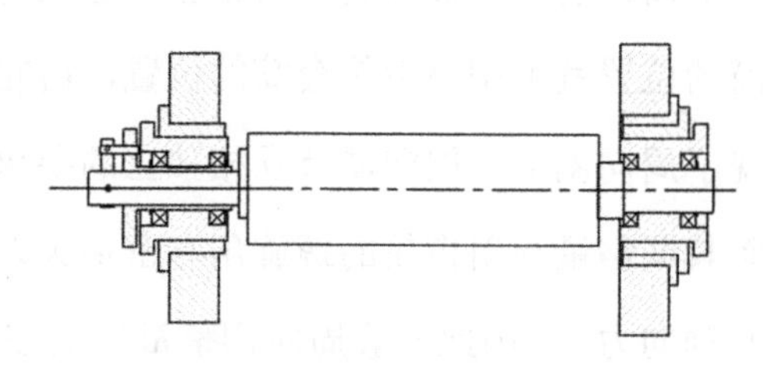

图 2.21　带斜拉版滚筒结构示意图

正常印刷时，如果发现这些调整量不够，还可通过印版版夹之的调整再补偿一些或者重新制版。不过有时因一些特殊印刷要求或制版错误，需要对版滚筒位置做比较大的位置调整时，可以通过借滚筒来实现。借滚筒就是使滚筒的齿轮和滚筒的轴头之间产生比较大的相对移动。现在机器上的这种调整都是通过滚筒轴头齿轮上的长孔来实现的。松开长孔上的螺钉，点动或用手盘动机器，则可实现齿轮和滚筒之间相互错动，从而改变了版滚筒与橡皮滚筒之间的相对位置，达到了借滚筒的目的。

2.1.6 橡皮滚筒的工作原理

如图 2.22 所示，橡皮滚筒的作用是承上启下，主要是通过橡皮布实现的。橡皮布在安装到滚筒上之前，首先要把它装在橡皮夹子里面。早期橡皮布安装都是机器上的操作人员完成的，由于橡皮布安装要求非常严格，员工在安装橡皮布时容易出现问题（如橡皮布未裁切成矩形或橡皮布个别地方锁紧不到位等），所以现在印刷机用的橡皮布都是直接安装在夹子里面的，这给更换橡皮布带来了巨大方便。

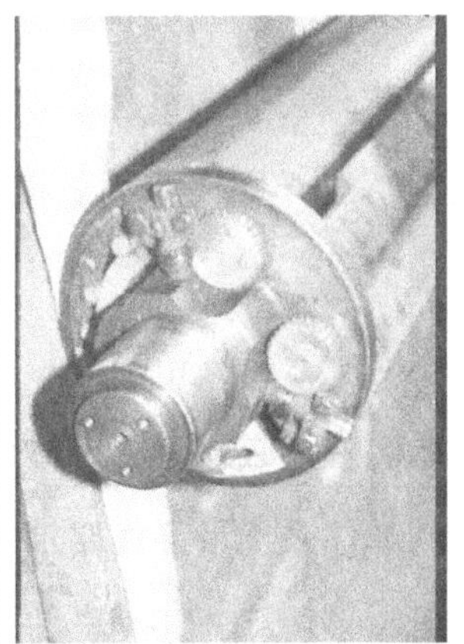

图 2.22　橡皮滚筒

为了把橡皮布装到机器上，在机器上设置有专门安装橡皮布夹子的机构。橡皮布安装的关键是防止运转过程中将橡皮布夹子甩出来，造成不可预想的机器事故。为此，在橡皮布夹子的安装轴上有两个控制夹钩（通过拉簧使其复位），其作用是夹住橡皮布夹子。在安装时，先将两个夹钩向外拉，然后将橡皮布夹子放下去，在两个夹簧钩弹簧的作用下，橡皮布夹子被恢复到原位，这时橡皮布夹子的另一侧被安装轴上的楔口遮住。由于橡皮布夹子两侧都被夹住，可确保其运转过程中不会掉下来。注意一定要确保橡皮布夹子安装到位，否则后果不堪设想。

夹子放到位后，通过滚筒轴端面上的蜗轮蜗杆机构转动，将橡皮布逐步张紧。橡皮布的张紧力要严格控制，在部分设备上配备了专用力矩扳手。没有配备力矩扳手的设备，主要靠人的经验来控制张力大小。多年的实践证明，未采用力矩扳手的机器，橡皮布张紧程度都超过了规定要求。之所以会出这样的结果，主要是因为人们担心橡皮夹子会甩出来。有经验的操作员可通过张紧后橡皮布的敲击声音（手指尖弹击），判断张紧力是否正常。过紧容易造成橡皮布使用时间缩短，过松会造成重影等印刷故障。橡皮布安装时除了橡皮布本身要考虑的问题，还要考虑其下面的包衬安装问题，如图 2.23 所示。橡皮布的包衬一定要平整，且尺寸不能过大或过小，部分机器上面也备有衬纸的固定夹子。为了预防橡皮布表面生锈，很多用户将黄油涂在滚筒表面，然后将包衬纸贴在上面，这样即便有润版液等腐蚀液进入橡皮布下面，也不会对滚筒表面造成腐蚀。

不同厂家橡皮布的安装方式有所差别，但原理基本相同，即必须有固定橡皮布的装置，必须有固定衬纸的装置，必须有带自锁的锁紧装置。橡皮布是靠表面的弹性来满足工作要求的，如果弹性功能失效，这种橡皮布不再能起到任何作用，必须及时更换。

图 2.23　橡皮包衬安装

2.1.7　压印滚筒的工作原理

压印滚筒通常称为印刷机的最核心部件，它既起到上下传递的作用（保证油墨从墨斗传到纸张上），又起到前后传递的作用（保证前面送过来的纸张传到后面的滚筒上），如图 2.24 所示。另外，由于压印滚筒表面频繁接触纸张，对其表面耐磨性要求非常高。为了保证油墨的均匀性，压印滚筒本身表面的跳动通常控制在 0.005mm 以内，装配后跳动精度控制在 0.01mm 以内。压印滚筒表面的硬度通常要控制在 HRC60 以上，因此其表面多采用镀硬铬处理。一般硬铬厚度在 0.3mm 左右，然后磨去 0.1mm 左右，最后滚筒表面留有 0.2mm 左右的硬铬层。由于滚筒镀铬时对滚筒底基要求非常高，也有些厂家采用喷涂技术来解决滚筒表面的后处理问题。这样做虽然可大幅度提高滚筒的成品率，但要达到镀硬铬的效果还是有一定距离的。还有些厂家采用覆合镀技术，即在滚筒表面有 0.02 ～ 0.03mm 的覆合镀层，镀完后不需要再加工。实践证明，采用这种技术的产品寿命比较短，在印刷机滚筒表面处理方面不具有推广价值。

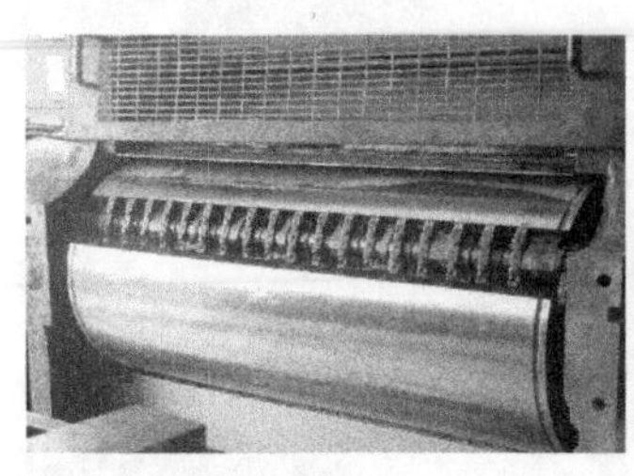

图 2.24　压印滚筒

1. 叼牙机构

纸张在滚筒中的运动是通过叼牙来实现的。叼牙主要由牙片、牙垫、弹簧等主要部件组成，如图 2.25 所示。纸张是靠摩擦力向前运动的，所以牙片、牙垫表面在接触时要有足够的压力和足够的摩擦系数，两者缺一不可。因为牙片、牙垫、弹簧等都是后装上去的，所以牙片和牙垫的接触精度都需要后续验证。牙垫表面要平整，而且所有的牙片要在一个平面上，而且和滚筒表面平行。牙片表面要平行，所有的牙片要同时开闭。所有的牙片压力要完全一致，确保各个部位能够准确咬住纸张。为了使牙垫表面产生足够的摩擦系数，很多机器上的牙垫表面都设计成锯齿状、网格状等多种结构，大幅度增加了接触表面的当量摩擦系数。还有些机器为了减轻噪声，在牙垫或牙片上面装有气垫橡皮。这种材料既能增加摩擦系数，又能减轻冲击，因而特别适合高速机器上使用。牙片表面不仅要求有足够高的加工精度，同时还要有足够高的硬度，确保其有足够的寿命。牙垫表面和牙片尖端部位（牙片尖端和牙片后半部通常使用两种材料，高温下熔合在一起后锻压；如果成本许可，也可以用同一种材料）都必须用特殊材料加工和热处理，既能保证足够的耐磨性，又能保证足够的韧性。牙垫及牙垫的加工一直被认为是非常神秘的技术，很多印刷机制造厂虽然自己能生产印刷机主机，但是制造不了牙片和牙垫（就像制造不了轴承一样）。由于叼牙高精度要求，除了加工精度必须严格控制，还必须严格控制装配精度，有一项指标不合格或不符合要求，都必须重新调整或更换新部件。

图2.25　滚筒叼牙

叼牙装置中最重要的部件是弹簧，要满足印刷机的使用要求，弹簧的疲劳寿命至少要1亿次以上，但是我们以前机械制造标准中规定的常用弹簧使用寿命只有百万次左右，所以印刷机上必须要使用专用弹簧。弹簧的质量一是取决于簧丝的材料，二是取决于后续的热处理。印刷机叼牙复位弹簧不仅要求体积小、弹性好，还要有足够的倔强系数，市面上的普通弹簧很难达到这个要求。人们经过多年的实践发现，印刷机的叼牙叼力要满足要求，必须达到6～9千克左右（用弹簧秤拉牙片的尖部）。机器速度高时，叼力就要求大一些，速度低时就可要求小一些。从机械工作角度看，叼力超过规定要求也没有必要，否则会产生比较大的冲击噪声。

叼牙的叼力大小主要取决于纸张前进过程中的各种阻力（包括纸张在滚筒上弯曲产生的离心力、纸张自身的恢复力等）和纸张从橡皮滚筒表面剥离时产生的剥离力。叼牙叼力的大小与纸张自身的质量、纸张传送过程中传递路线的弯曲程度、油墨的黏度等因素有关。判断叼牙的叼力是否符合要求就是在许可油墨的黏度条件下、许可的最高速度情况下、许可的最大印刷压力条件下、许可的最大纸张条件下进行满版实地印刷（不用水辊），观察多色实地的印刷情况。若纸张表面与叼牙之间不出现相对滑动，则表明叼牙叼力符合要求。

进口设备零备件价格比较高，很多工程师专门对进口设备的牙垫和牙片的材料及结构进行了认真研究，因而现在市场上出现了大量仿制产品。虽然这些仿制产品性能上与进口产品有比较大的差异，但总体趋势是差距越来越小。下面对几种常用的进口设备叼牙做一简要介绍。

（1）海德堡的叼牙结构

海德堡叼牙结构如图 2.26（c）所示，牙片是一个比较长的摆片，牙片最后面一个螺钉孔下面安装的是一根力封闭弹簧。牙垫结构如图 2.26（a）所示，通常牙片采用阳形网格结构，牙垫采用阴形网格结构。海德堡机器的国内用户非常多，多年的实践证明，这种结构的牙垫具有较高的可靠性。正常保养情况下牙垫寿命可达 1 亿次以上，基本上在五年内不需要更换牙片和牙垫。

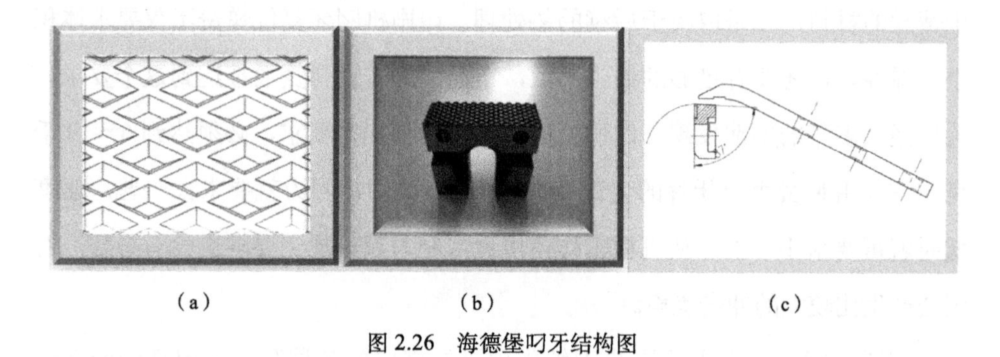

（a）　　　　（b）　　　　（c）

图 2.26　海德堡叼牙结构图

（2）高宝机器叼牙

高宝机器叼牙如图 2.27 所示，其结构与其他厂家叼牙结构差异比较大，工作状态稳定，纸张适应能力强。如图 2.27（b）所示，薄厚纸转换时，牙片与牙垫之间仍然能够保证良好的平行度，因而这种叼牙机构得到了业界的广泛认可。

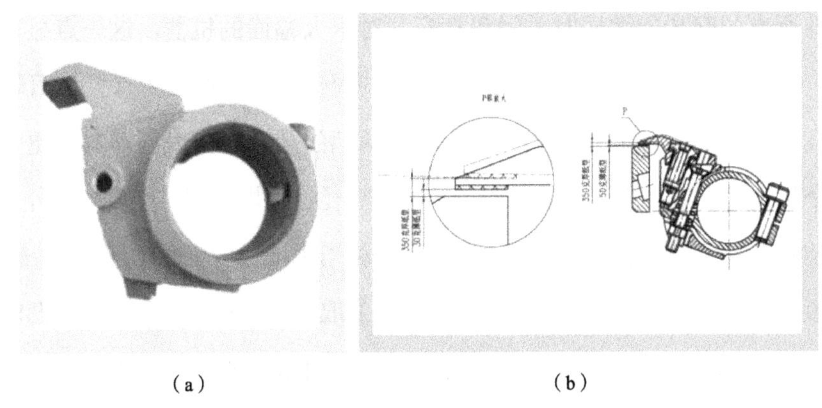

（a）　　　　（b）

图 2.27　高宝叼牙结构图

（3）小森叼牙结构

小森叼牙结构如图 2.28 所示。这种叼牙结构的优点是牙片比较小，因而制造成本比较低。

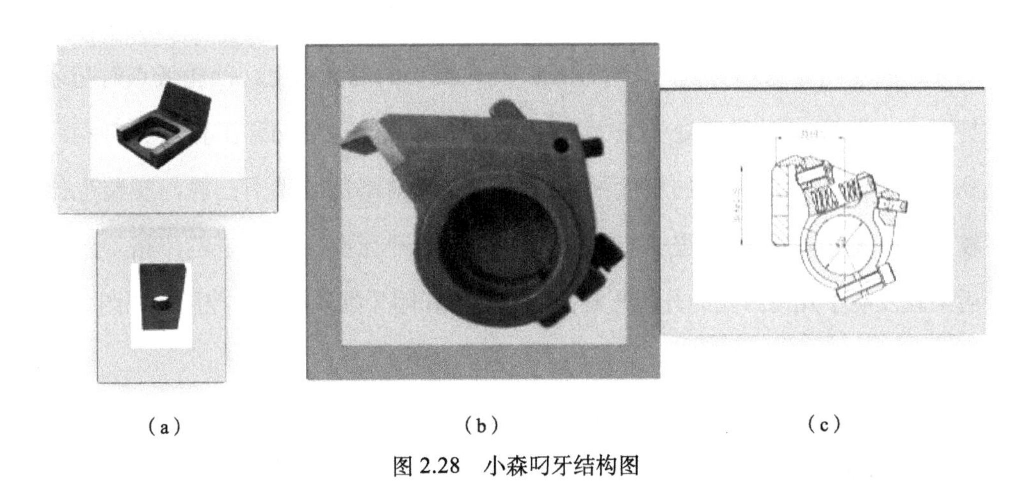

（a）　　　　（b）　　　　（c）

图 2.28　小森叼牙结构图

2．开闭牙机构

叼牙在工作时每周都必须要有开闭动作。在印刷机上，开闭动作是通过开闭牙凸轮、开牙摆臂、复位弹簧实现的。为了保证高速时叼牙工作可靠，现在印刷机上多数都采用高点闭牙，即凸轮高点时，叼牙处于闭牙状态；低点时，叼牙处于打开状态。叼牙运动原理比较简单，复杂的是如何保证叼牙的工作精度，即所有的叼牙能够同时关闭和打开。对于大幅面的机器，这一点显得特别重要，叼牙开闭过程不同步的问题主要与叼牙回转轴的长度有关。回转轴越长，其转角变形引起的误差就越大，左右两端的牙片开闭时间差异就更大。解决这个问题最简单的方法就是增加回转轴的直径，即提高扭转刚度。另外一个稍微复杂的方法就是两端都配置开闭牙机构，相当于增加一套开闭牙机构，转轴长度缩短了一半。现在还有些厂家的叼牙装置上取消了复位弹簧，完全靠凸轮来实现叼牙的开闭动作。这种机构的最大优点是完全取消了弹簧引起的开闭牙动作滞后的可能性，但对机械加工精度和安装精度都有较高的要求。

由于国产 08 机和 05 机都采用的是低点闭牙，所以后来多数印刷机都采用这种闭牙机构。所谓的低点闭牙，就是凸轮高点到来时，压印滚筒叼牙张开；凸轮低点到来时，压印滚筒叼牙闭牙。但随着机器速度的提高，低点闭牙的缺陷暴露得越来越明显，所以近三十年内生产的多色机压印滚筒都转而采用高点闭牙。高点闭牙原理与低点闭牙相反，凸轮高点时叼牙合上，凸轮低点时叼牙打开。由于高点时弹簧处于最大力度的工作状态，这对叼牙工作最为有利。高点闭牙缺点是对凸轮的精度要求比较高，通常都需要整周凸轮，安装也比较麻烦。随着机器速度进一步提高，对机器的开牙要求也越来越严格，所以后来就发明了几何封闭的开闭牙机构，即开牙和闭牙都采用凸轮控制，如图 2.29 所示。

图 2.29　滚筒开闭牙凸轮

3. 叼牙的平整度

大多数印刷机上的叼牙及牙垫都在同一个水平面内，这是确保纸张在印刷过程中不起褶的关键。但是与此不同的是瑞典的桑纳机，其所有滚筒的牙垫都不在同一个平面内，而且每个压印滚筒牙垫的高低都不一样（所有传纸滚筒的牙垫高度都一样），这样做的结果可以消除纸张甩角。当发现纸张出现甩角异常时，就调压印滚筒的牙垫或牙片即可。

在一个水平面上排列牙垫，可用薄纸来检查其水平度。当用 $60g/m^2$ 以下的铜版纸张印刷时，观察在大实地的情况下，纸张叼口边从叼牙里面滑出的情况。如果有不均匀滑出，表明牙垫表面存在不平度问题。如果纸张断了或纸张叼口边整体均匀滑出，则表明牙垫的平整度比较高。牙排的叼力可用厚纸来检查，当用 $200g/m^2$ 以上的纸张印刷时，观察满版大实地的情况下，纸张在牙排内的滑动情况。如果有滑出，则表明牙力不足。

4. 叼牙的数量及分布

早期印刷机叼牙数量及分布根据纸张幅面而定。以前我们国家主要使用两种纸张，即大度纸和正度纸，而且主要以印刷书刊为主，因此叼牙的数量及分布也是根据这两种纸张进行设计的。例如，一个既能印四开又能印对开的机器，其叼牙在牙排中间部位个数最少，在四开位置边角时密度较大，从四开到对开中间部位又开始减少，到对开边角部位时，叼牙的数量又开始增加。应该说这种要求对叼牙设计是很困难的。现在由于印刷机任何纸张都印，纸张幅面变化非常宽泛，因此再按传统纸张幅面排列叼牙已经没什么意义，所以现在印刷机上的叼牙在牙排轴线方向几乎全部是均匀排列，相对应的滚筒交叉排列。这种排列除了适应纸张的要求，还适应机器速度的要求。机器速度越高，对牙排的叼力要求就越大。

2.1.8 传纸滚筒的工作原理

传纸滚筒（见图 2.30）的作用是将纸张从压印滚筒接过来，再向后面印刷单元传递。传纸滚筒分两种：一种是参与印刷过程，即当压印滚筒还没完成全部印刷，就将纸张交给后续的传纸滚筒，传纸滚筒参与了印刷的后半过程；另一种是不参与印刷过程，即压印滚筒本身完成全部的印刷过程，然后将纸张传给后续的传纸滚筒。第一种是单倍径压印滚筒，第二种是双倍径压印滚筒。从发展趋势来看，双倍径压印滚筒逐渐在印刷机设计中占据主导地位。主要原因就是确保压印滚筒全部完成印刷过程，印刷质量处于完全可控状态。单倍径滚筒存在的最大问题就是滚筒表面蹭脏问题，即刚印完纸张的背面靠在传纸滚筒的表面。为了解决蹭脏问题，传统方法是在滚筒表面安装一块超级蓝布（见图 2.31），靠蓝布上的网格将纸张托起来。此外这种蓝布还具有比较大的弹性，即使有一定的变形仍然能够恢复到原来位置。正是由于这个特点，避免了印品正面与传纸滚筒表面相蹭的可能性。由于这种蓝布的价格问题，有些用户使用豆包布或绸布代替这种布料，能够满足大多数产品的防蹭脏要求。另外一种防蹭脏的方法就是在传纸滚筒表面安装很多托纸轮，由于托纸轮的转动，避免了纸张与辊轮表面相蹭的可能性，现在印刷机上开始采用表面带砂的钢板做防蹭脏用，只在最后一组采用防蹭脏布，这样可节省大量蓝布成本。在传纸过程中除了纸张正面蹭脏，还有可能出现背面划伤的可能性，因为纸张在滚筒表面因离心力会出现远离滚筒表面的可能性，因此必须安装一些类似吹风的装置或带有毛绒的布带将纸张托起来。现在双倍径为主流的印刷机设计中为了减少蹭脏，多采用一字滚筒。这种滚筒不参与印刷过程（双倍径滚筒完成印刷后才把纸张交给后传纸滚筒），因而对其滚筒要求相对比较低。它的防蹭脏不是防止正面蹭脏，而是要防止背面蹭脏，通过风扇向纸张背面吹气，确保纸张在运动过程中不接触相关部件（离心力的作用会使纸张尾部向外甩）。不过现在的机器为了防蹭脏都开始采用陶瓷板结构，这是利用陶瓷材料与油墨相斥的特性，从而最大程度上减少了滚筒表面上脏的可能性，也就不必再更换超级蓝布了。

图 2.30 传纸滚筒

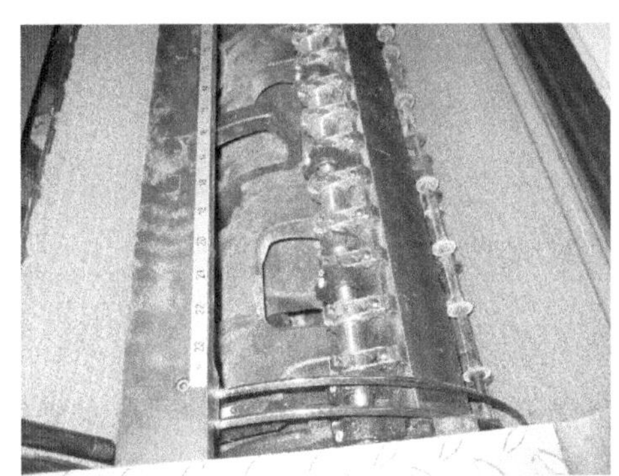
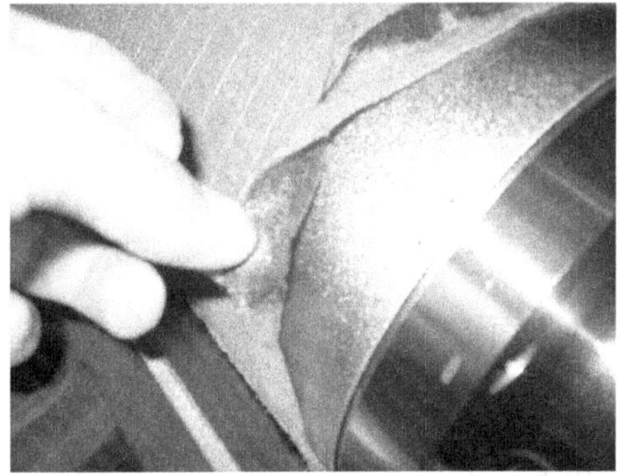

图 2.31 防蹭脏蓝布

2.1.9 滚筒清洗装置的工作原理

滚筒清洁是员工每日必做的保养工作，耗时比较长，一般最简单的保养也需要 30 分钟左右。为了提高工作效率，降低职工的劳动强度，现在印刷机上开始安装自动清洗滚筒装置，如图 2.32 所示。这种清洗装置是通过带有洗车水的布与橡皮滚筒表面相对移动，将橡皮滚筒表面的脏物去除。每清洗一次，清洗布就向前移动一定距离，直到最后用完为止（再更换新的无纺布）。清洗布的长度、清洗的压力、洗车水的用量都是可以调节的。目前这种清洗方式分三种：第一种是干布清洗，清洁水通过清洗过程中喷上去；第二种是湿布清洗，将提前润湿好的清洁布装到清洗装置上直接清洗；第三种是两用的，可同时满足两种清洗需要。目前国内部分机器上已经开始安装这类清洗装置，存在的问题主要是成本问题，国外的机器成本比较高。国内现已经有同类产品，但有些结构还需要进一步改进。

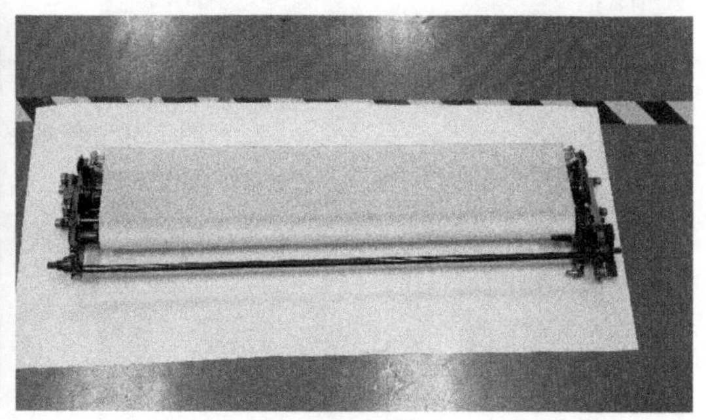

图 2.32 滚筒清洗装置

上面讲的只是清洗橡皮滚筒，如果需要同时清洗印版滚筒和压印滚筒，在合压状态下清洗就可以了，不过洗车水可能要换一下或同时用几种洗车水来完成清洗要求。

除了这种无纺布清洗装置，还有一种毛刷式清洗装置，这种装置目前主要用于卷筒纸印刷设备上。其原理是通过专用装置将洗车水喷洒到毛刷上，通过毛刷辊与橡皮滚筒之间的相对移动，将橡皮滚筒上的脏物清洗下来。清洗下来的脏物通过专用的机构可以回到废物收集装置里，其中的洗车水可通过循环系统再次加到机器上面去用，从而可大幅度减少洗车水的费用。现在该产品已经在国内批量生产。

2.1.10 单张纸印刷机滚筒排列分析

早期的单张纸多色印刷机走纸路线上的滚筒排列主要以 1∶1∶3∶1∶1 结构为主（见图 2.33），其中第一个“1”为压印滚筒，第二个“1”为后传纸滚筒，第三个“3”为中间传纸滚筒（为两机组之间的操作留下足够的空间），第四个“1”为前传纸滚筒，第五个“1”为第二组压印滚筒。多色机依次类推。这种压印滚筒与印版滚筒一样大的机器通常称为小滚筒结构。由于后传纸滚筒要参与印刷过程，这种结构越来越不受用户的欢迎。现在比较流行的印刷机结构是 2∶2∶2（见图 2.34），即第一个“2”表示第一色组的压印滚筒是双倍径滚筒，第二个“2”表示中间传纸滚筒是双倍径滚筒，第三个“2”表示第二色组压印滚筒是双倍径滚筒。现在这种滚筒排列结构成为印刷机的主流。除了 2∶2∶2 的滚筒排列外，还有 2∶3∶2 的滚筒排列（见图 2.35），当然，也有其他形式的滚筒排列结构。

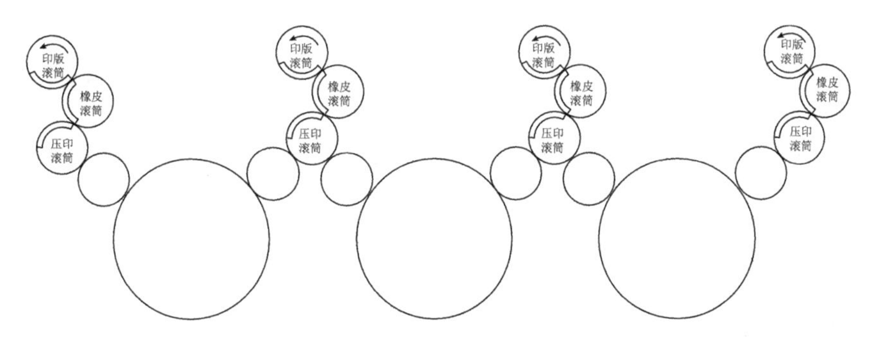

图 2.33 海德堡 sm 型滚筒排列结构示意图

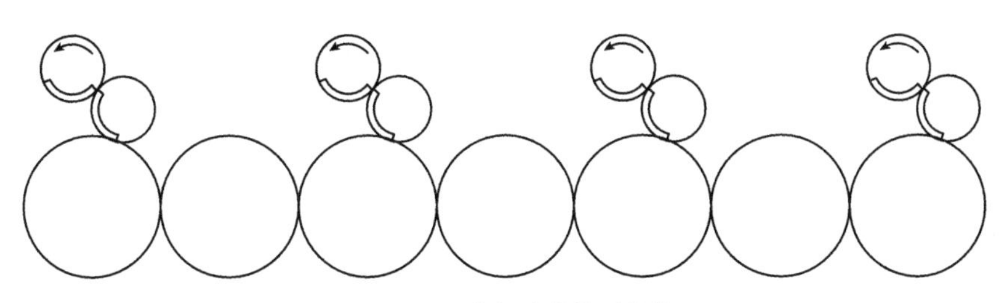

图 2.34 双倍径滚筒排列结构

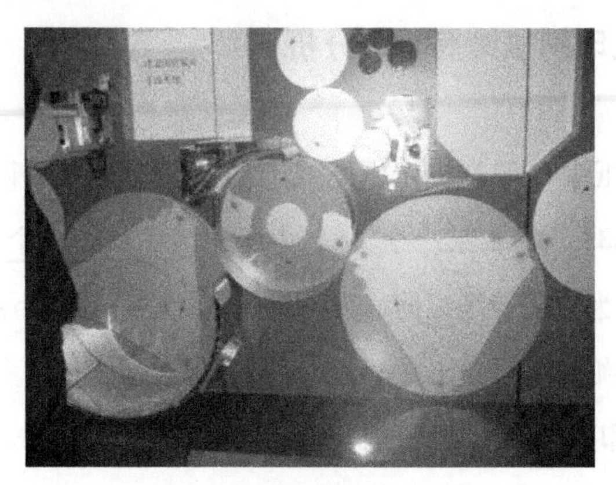

图 2.35 海德堡 CD 机滚筒排列

以上这些排列的印刷机都称为机组式印刷机，如果多个印刷色组共用一个印刷单元，我们就把它称为卫星式印刷机。卫星式印刷机的特点是只有一排牙排，因而可确保色组之间套印准确可靠，适合印厚纸。但缺点是当色组比较多时，操作起来非常不方便。因此这类机器不适合大幅面纸张，而是适合小幅面、数量大的印刷品。

除了走纸路线上的滚筒排列，还有印刷单元内的滚筒排列（见图 2.36），通常有两种排列方式：5 点钟和 7 点钟。所谓的“7 点钟”排列就是从操作面看印刷机，橡皮滚筒中心在印版滚筒中心和压印滚筒中心连线的右侧，这三个中心的连线像一个“7”，所以称为“7 点钟”排列。同样，橡皮滚筒中心在印版滚筒中心和压印滚筒中心连线的左侧，这三个中心的连线像“5”的上半部，所以称为“5 点钟”排列。“7 点钟”排列的滚筒上版操作比较方便，而“5 点钟”排列的滚筒上橡皮比较方便。但由于印刷机操作时上版每日都要进行多次操作，而上橡

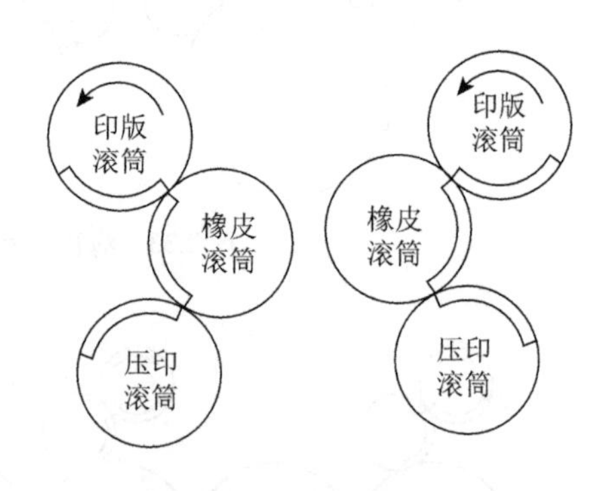

图 2.36 两种滚筒排列结构

皮通常每月一次，所以首先应保证上版操作方便。因此现在绝大多数印刷机上都采用“7点钟”排列方式。

双面胶印机（见图2.37）一次可完成双面印刷，使得工作效率大幅度提高。因此双面单色机在国内的市场逐渐增加，特别是近五年，小全张双面单色胶印机发展迅速。随着对双面印刷质量要求越来越高，传统的软压软双面印刷结构受到了挑战。近几年新出来的软压硬结构受到了众多用户的青睐，虽然价格昂贵，但二手设备也有比较大的市场。除此之外，双面双色、双面四色小全张胶印机市场近几年也在不断扩大。几乎所有的印刷机制造厂都生产过双面胶印机，但他们选用的最初机型有些差异。目前，双面印刷机大致可以分为两大类：一是叼口边保持不变，二是纸张尾部转变成叼口。日本的机器几乎都采用叼口不变的结构，而德国的机器则采用纸尾变叼口的结构。从我国产品的情况来看，不建议使用德国的翻转机构，因为它会增加纸的纵向长度，造成纸张浪费，不过它有一大优点就是还可单面多色印刷（即将两面印刷的色组加在一起，如双面双色可以变成单面四色）。针对叼口不变的双面设备，也有两种结构，一种是两面交替，各印一色，直到全部印完为止。另一种是一次将一面的颜色全部印完，再印另一面的颜色，这样做的好处是可以先印封面1，后印封面2，从而保证封面2的印刷质量，同时又不会对封面1造成过大的质量影响。如果能在正反改换的地方加上烘干装置，则正反两面的印刷质量几乎不受影响。这种机器的缺点是占地空间太大，一般小工厂不适合选择这样的机器（图2.38）。正反面交替印刷的双面印刷机最大优点是占地空间小，因而目前这种双面印刷机在国内市场居主导地位。不过这种机器的最大缺点是印品质量与单面印刷机相比有比较大的差距，主要是背面印刷时的压印滚筒表面要做防蹭脏处理。所以总体来看，对于绝大多数普通质量要求的双面印刷产品，都可选用这种正反面交替印刷的双面印刷机。

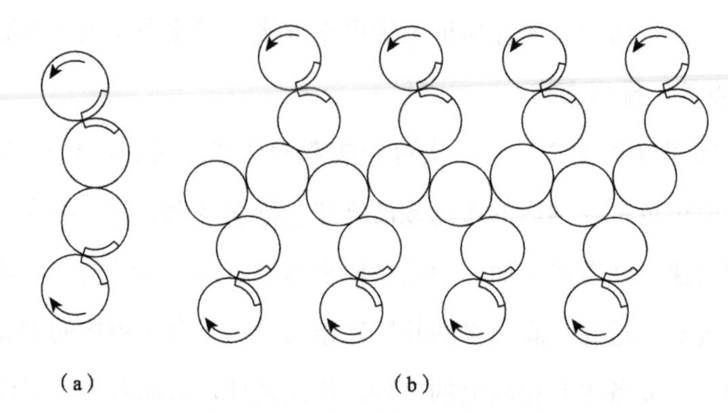

图 2.37　双面印两种滚筒排列结构

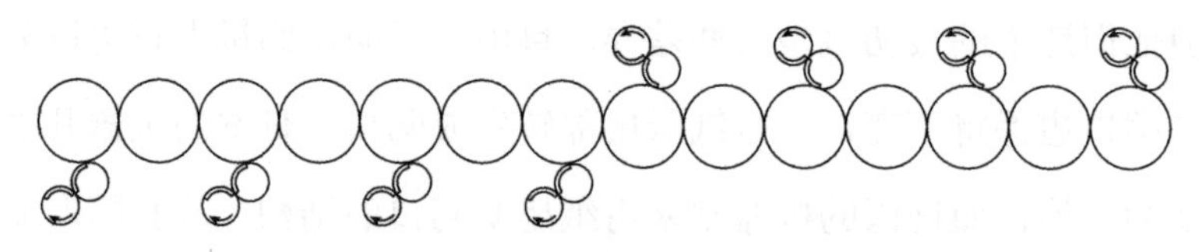

图 2.38　双面倍径软压硬滚筒排列结构

胶印机滚筒的排列方案还有多种形式，并且其中大部分都在生产实际中有所应用，如海德堡的 2∶3∶2 排列结构，特别适合厚纸印刷。尽管如此，经过多年的演变和实践的检验，最后大家从多个指标进行评价和优化分析，2∶2∶2 为现在四开、对开和全张以上印刷机滚筒的主流排列结构。

2.1.11　走肩铁

二十世纪绝大多数印刷机的印版滚筒、橡皮滚筒和压印滚筒三部分之间的压力都是可以调整的。但随着印刷材料逐渐标准化，特别是印版和橡皮布的生产已经形成了产业化，这些材料的厚度等参数基本是都是系列化，同一类型机器所用的印版和橡皮布等厚度参数基本上固定。这一情况启发了设计者的设计思路，能不能将印版滚筒和橡皮滚筒之间距离设计成固定不变的，即两滚筒的中心距不可调节。同时让两滚筒两侧的肩铁互相挤压在一起，如图 2.39（a）所示，从而使两个滚筒缺口相对时不产生振动。基于这种思想，后期的彩色高档印刷机都采用了走肩铁原理。即印版滚筒和橡皮滚筒中心距是不可调整的，橡皮滚筒和压印滚筒之间压力是可以调整的。那是因为印刷的纸张是变化的，也即所谓的走肩铁印刷机只是一组走肩铁，另一组不走肩铁。

走肩铁印刷机的肩铁接触情况检测，通常采用的是铝箔检测法。将铝箔放在两滚筒肩铁之间，观察铝箔表面的压痕情况，就可以判断肩铁的接触情况。

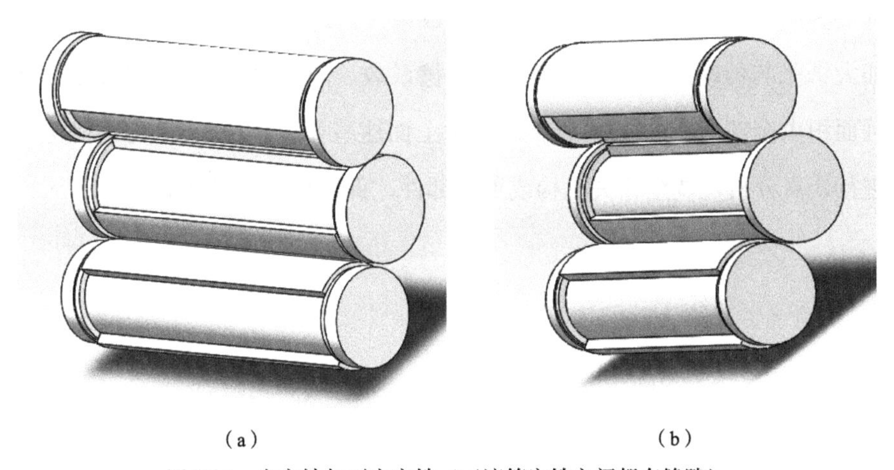

（a）　　　（b）

图 2.39　走肩铁与不走肩铁（三滚筒肩铁之间都有缝隙）

2.2　纸路工作原理

胶印机主要有两大类：单张纸和卷筒纸。市场上占有率比较多的还是单张纸，其最大特点是适应性强，适合短版活生产要求。卷筒纸灵活性差，但速度高，适合大批量产品印刷要求。本节先介绍单张纸印刷机的相关知识，然后介绍卷筒纸印刷机的相关知识。

单张纸印刷机（如图 2.40 所示，右边是输纸部分，中间是印刷部分，左边是收纸部分）就是每次印刷只印一张纸，第二张纸跟在第一张纸后面，第一张纸纸尾和第二张纸纸首之间有一段距离。由于纸张不连续，所以纸张向前运动必须靠其他机构来实现。在输纸部分，纸张通过飞达和输纸板上的输纸布带实现分离和向前传送。在印刷单元中间，纸张通过滚筒上的牙排带动纸张向前运动，到收纸部分，纸张主要通过链条上的牙排带动实现长距离传递。细心研究发现，纸张每一过程的运动都是通过摩擦力带动实现的。因此无论在哪一个阶段都要为纸张向前移动创造摩擦力的生成条件，即一是加大纸张表面压力，二是加大纸张与传动部件之间接触面的摩擦系数。同时要保持接触面表面平整，接触面积占全部面积的 70% 以上。如果上面这些要求未达到，那么要对相关因素进行认真分析，调整相关机构或更换部件，保证相关要求能够满足。

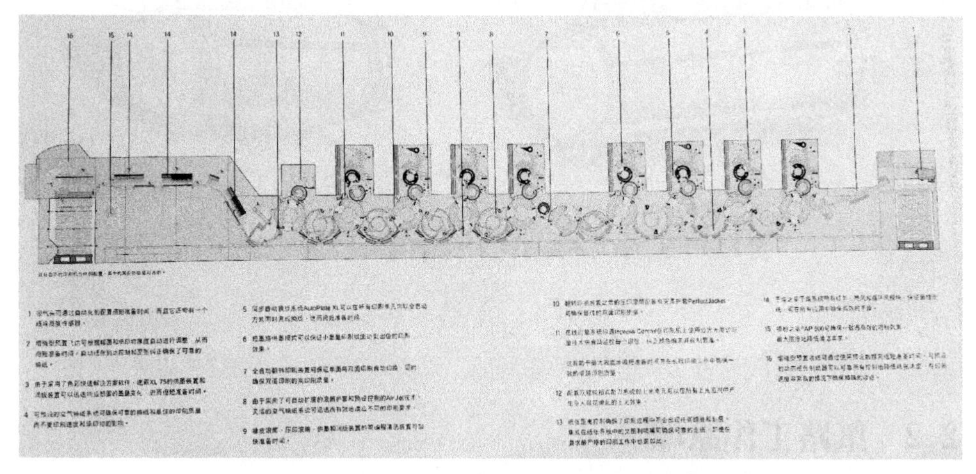

图 2.40　带有翻转机构的单张纸多色印刷机结构原理

无论什么型号的单张纸印刷机，输纸部分（包含规矩部分）、印刷部分和收纸部分这三大模块是不可缺少的〔如图 2.41 所示，（a）为输纸部分、（b）为印刷部分、（c）为收纸部分〕，因此分析纸张在印刷机中的传递过程也是沿着输纸—印刷—收纸这个流程一步一步地展开介绍的。

（a）（b）（c）

图 2.41 输纸、印刷、收纸三个单独模块

2.2.1 输纸部分的工作原理

输纸部分主要由以下三部分组成：输纸台〔见图 2.42（a）〕、飞达头〔又叫分离头，见图 2.42（b）〕、输纸板〔见图 2.42（c）〕。输纸台的作用是持续不断地向输纸机提供纸张，因此它必须能够随纸张减少而自动上升，直到输纸台表面上无纸为止。除此之外，输纸台本身还应具有调平的功能。一般印刷机的输纸台都是通过四根链条来控制的，通过调节输纸台升降链条上的调整螺丝，即可调节输纸台的水平。输纸台升降的动力来自输纸电机（见图 2.43），输纸电机在接收到输纸台要求升降的信号（按钮信号、纸张高度控制信号），驱动电机按指定方向转动，然后通过减速器带动链轮轴转动，最后通过链轮轴上的链条带动输纸台上升与下降。

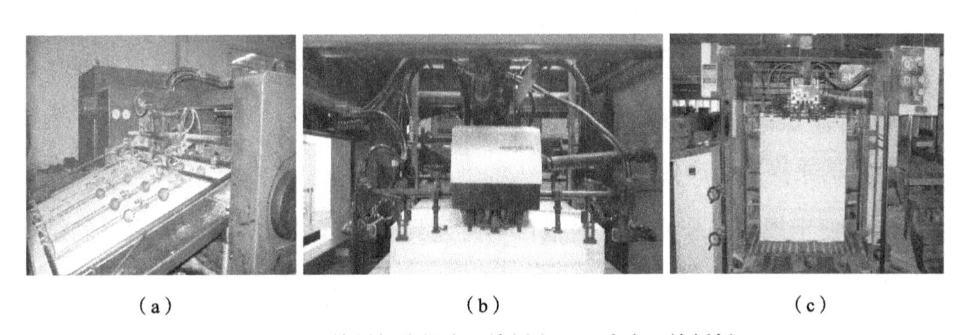

（a）（b）（c）

图 2.42 输纸部分组成：输纸台、飞达头、输纸板

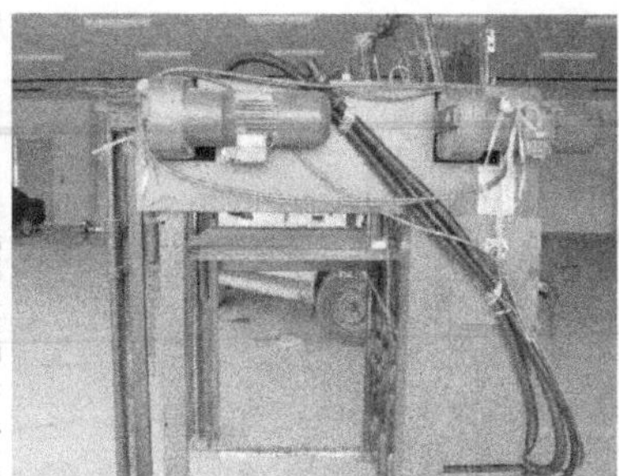

图 2.43　主给纸电机、副给纸电机

升降链条除了保证输纸台水平外，还必须能够承担输纸台上纸张的重量。一般输纸机的重量在 1 ～ 2 吨，所以四个链条的强度及传动链上的相关部件要按此进行强度校正（还要考虑到输纸台启动瞬时加速度所引起的附加外力）。因为升降电机需要频繁启停，所以必须选择这种专用电机。国产印刷机通常使用的是锥形电机，靠尾部的摩擦片快速锁紧电机主轴，从而控制电机的转角大小。通常所带的减速器为蜗轮蜗杆减速器，这种减速器的特点一是减速比大，可大幅度减小升降电机功率；二是具有自锁功能，可保证输纸台随时停在任意位置上。现在高速印刷机上都备有主副两个输纸台（图 2.43），一个是为装纸用的，称为主纸台；一个是为换纸台时起补充输纸用的，称为副纸台。副纸台是在纸台的纸张即将走完的时候才开始用的（一般 128g/m^2 的纸张 1000 张左右），除了不带专用的台板外，其他功能与主纸台基本一样。目前由于印刷数量不大，使用副纸台的厂家也不多。从印刷机的设计上可以逐步将这部分设计为辅助部分，即可选择部分，从而适当降低这部分的成本费用。对于从事包装印刷的企业，建议选用带副给纸的机器，因为包装产品一般数量比较大，需要副给纸机器来提高生产效率。

为了便于规矩部分调整，输纸台本身还具有左右移动的功能。通过输纸台前侧的两个丝杠，带动两个侧挡纸板左右移动，最后推动输纸台整体左右移动，便于调整侧规拉纸量大小。国产机器采用这种机构的比较多，进口机器基本不再采用该机构，主要是机器上的滚筒等横向连接部件都以飞达的压脚中心呈对称分布，通过其他部件调整可以弥补这个功能缺陷。事实上，输纸台上的这个功能使用得已经很少了。为了保证闯纸时纸张能够保证左右整齐，在输纸台两侧还设有挡纸板，其位置可根据纸张幅面大小调节，如图2.44所示。

图2.44　给纸台左右调整机构

飞达头的作用是将输纸台上的纸张向前传给输纸板。飞达头的结构比较复杂，如图2.45和图2.46所示。一般飞达头里面有三套驱动机构：压脚驱动机构、分纸吸嘴驱动机构、递纸吸嘴驱动机构，另外还要与分气阀相配合。通过气阀和机械传动三个凸轮，其中一个是压脚凸轮，一个是分纸凸轮，一个是递纸凸轮（两个）。压脚摆动比较大，所以压脚凸轮通常是通过一个四杆机构（角度放大机构），再带动压脚摆动。分纸凸轮是控制分纸吸嘴上下运动的。吸嘴在吸住纸张后，还需要再往上提升一段距离（通常这个距离在10mm左右），才能保证压脚可靠地压在纸张尾部。对于低速、厚纸专用的飞达，则不需要分纸凸轮，完全靠吸嘴的工作距离完成分纸任务。递纸凸轮的作用是控制递纸吸嘴前后移动，其移动距离通常接近60mm，递纸吸嘴要越过输纸板上接纸辊的中线。最初低速给纸机采用的是偏心摆动机构来实现递纸吸嘴前后移动，但到高速以后，偏心机构已经不能满足要求了。与机械运动配套的运动还有气阀的开闭，气阀的结构各种各样，但随着机器速度的提高，气阀在结构设计上要考虑的因素也越来越多了，如如何通气、补气与断气等。现在15000转/时以下的机器主要采用的还是气阀结构控制气路通断，18000转/时以上的机器开始采用凸轮控制气阀通断，为此飞达上面还要增加4～5个凸轮，这种飞达结构比以前的飞达结构更加复杂。

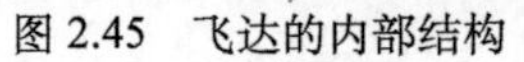

图 2.45　飞达的内部结构

图 2.46　飞达头的主轴

早期印刷机上飞达主轴回转的动力都来自传动面墙板上的双万向联轴节。双万向联轴节满足了飞达的运动需要，但也带来一些问题，一是动力传递路线比较长，必须要求通过主机传过来的动力才能满足要求；二是影响纸张故障处理和部分飞达部件调节；三是因此导致一些安全事故的发生。随着控制技术的发展，无轴控制技术开始逐渐普及，且价格也开始向低廉化迈进，所以印刷机采用无轴控制的部件越来越多，最典型的就是飞达的无轴传动，如图 2.47 所示。采用无轴传动后，墙板上再也不需要为此提供传动链。还有一个最明显的特点就是飞达与输纸板之间的相位关系也完全可以用数字化实现控制，以前要动这个相位关系特别困难，既费时又费力。

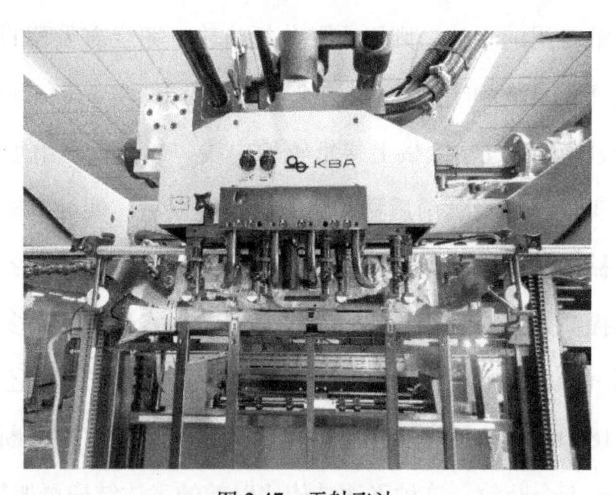

图 2.47　无轴飞达

上面只讲述了胶印机的飞达，实际上很多包装设备上都有飞达，其结构千差万别，有的比较简单，有的却相当复杂。因此，深入研究这些飞达的特点，可以把更多的先进结构用到印刷机上。

飞达部分看起来是非常复杂的。但如果从纸张分离的原理分析，则比较容易理解。纸张分离的第一步就是要使上下两张纸之间有空气存在，否则两张纸就会粘连在一起。因此，分离纸张的第一个动作就是向两张纸之间吹风。当纸张之间充满空气时，纸张之间的空气压力至少大于一个大气压，上面的第一张纸就被悬浮起来了。“吹”气动作是通过飞达上面的松纸吹嘴完成的。在纸张被悬浮起来后，就开始第二个吸纸动作。吸纸的本质是吸纸张上面的空气，当纸张上面的空气减少后，相当于空气压力下降，低于一个大气压。纸张下面空气大于一个大气压，上面小于一个大气压，这样纸张就被顶到吸嘴表面。“吸”纸这个动作是通过飞达上面的分纸吸嘴完成的。分纸吸嘴在吸住纸张后，再向上提升一段距离，这样可使上下两张纸之间彻底分开。纸张在被分纸吸嘴吸起来的时候还有可能一次吸起两张或多张，为了防止出现这种情况，在分纸吸嘴带着纸张向上运动的时候，专用的分纸毛刷或分纸弹簧片压在纸张尾部，将第一张纸下面的纸张刷下去。这就是分纸过程中的第三个动作——“刷”。为了保证最上面一张纸向前移动时，不带动下面第二张纸移动，还需要将第二张纸压住。第四个“压”的动作是通过在飞达上面的压脚机构来完成的。在第二张纸被压住后，第一张纸就可以向前移动了。但在向前移动之前还需要将纸张前面的挡纸舌倒下，挡纸舌直立时是要保证纸张不会因后面的吹风向前移动。但在最上面一张纸向前移动时，它必须先倒下，让过第一张纸的纸头，然后回到竖直状态。第五个挡纸舌“倒”的动作是通过输纸机传动侧面的一个凸轮连杆机构实现的。挡纸舌倒下后，纸张就可以向前运动了，把纸张向前递到输纸板上的接纸辊。第六个“递”的动作是通过飞达上面的递纸吸嘴实现的。由于递纸距离比较远，为了保证递纸运动的可靠性，高速机器上一般都采用共轭凸轮机构。当纸台上面的纸张一张一张减少后，吸嘴与纸张表面距离越来越远，因而会影响到吸嘴吸纸的可靠性，这就要求纸张表面在高度方向上能够向上移动，第七个纸台向上“升”的动作是通过输纸机上面的减速电机和链条传动机构实现的。

通过上面分析，飞达分纸的动作可以概括为七个字，吹、吸、刷、压、倒、递、升。准确理解这七个字，而且能够把它们与飞达上面的相关机构对应起来，那就表明对飞达分纸过程有了一个全面认识，由此也可以指导飞达的结构设计和运动与动力分析。

纸张离开飞达后就进入输纸板。先是挡纸舌（见图 2.48）倒下，然后是飞达上的递纸吸嘴与输纸板上的接纸辊进行纸张交接。交接完成后，纸张在接纸辊与上面压纸轮的作用下向前运动。挡纸舌倒下是通过输纸板上的凸轮机构控制的，其周期控制挡纸舌的倒下与站起。挡纸舌站起的目的是保证飞达上的纸张叼口边保持整齐；挡纸舌倒下，是保证飞达上递纸吸嘴所带的纸张能够向前传递。这套机构至今除了挡纸舌由原来分离一片片的改成现在整体式的，其他没有任何差别，表明至少目前还没有找到更先进的机构来取代它。纸张进入输纸板后，依次进入第二排压纸轮（把接纸轮看成是第一排压纸轮）、第三排压纸轮、第四排压纸轮，也就是说纸张在输纸板经过一个 4×1 接力的传递到达规矩部位（见图 2.49）。这是最传统的输纸板结构，现在新型印刷机输纸板上的东西越来越少了，且高速机基本上都转向以真空输纸为主。输纸板上只有一根输纸布带，给输纸机的操作带来了极大便利。

第一个向前运动接触的是真空输纸皮带，第二个是双张控制器，第三个是接纸压轮及毛刷轮等。由于真空输纸技术和超声波双张检测技术的广泛应用，输纸板上的零部件越来越少了。不过其工作原理始终没有改变，即纸张在输纸板上运动阶段一直处于受控状态。输纸板板面上的真空状态是通过其下面的风机完成的。有的输纸板下面采用一个风盒，有的采用两个风盒，具体视控制系统的设计而定，如图 2.50 所示。

图 2.48　挡纸舌

图 2.49　输纸板

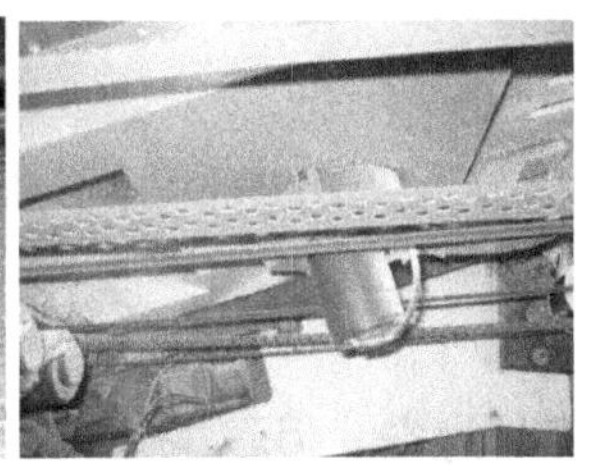
图 2.50　真空输纸布带

双张控制器是输纸机的一个重要组成部分。曾经出现的双张控制器有机械式双张控制器、光电式双张控制器、超声波式双张控制器三种，其中光电式双张控制器（对白的薄纸敏感，但对翻面印刷的纸张不能正确识别）已被淘汰，机械式双张控制器（对过薄的纸张敏感度不佳，如 50g/m^2 以下的纸张）在厚纸印刷机中使用仍然比较多，现在普通的印刷机上都开始转用超声波式双张控制器（两张纸以上都可识别，缺点是只能用在侧规附近，不能过早报警）。

为了适应高速给纸的需要，输纸板的工作速度也由原来的传统均匀改成变速的，即在输纸板中途运动过程中速度最高，达到规矩部位时速度最低，从而可以减缓纸张与前规之间的撞击。实现这个变速的方法有多种，如偏心齿轮、椭圆齿轮等，如图 2.51 所示。其可根据需求调整减速机构的相关参数，可获得不同的运动规律。此外输纸机还有两个配合参数可进行调整，一是飞达头与接纸辊之间的时间配合（如图 2.52 所示，通过调整链条的松边和紧边相对位置，即可改变两个部件之间的相位关系），二是输纸板与主机之间的时间配合（可通过如图 2.53 所示的多齿离合器回转轴墙板外侧的齿轮错动，改变输纸板与主机之间的相位关系）。

图 2.51　输纸板减速机构

图 2.52　飞达相位调整机构

图 2.53　输纸机与主机连接离合器

输纸机的传动系统改变也很大（见图 2.54），传统的输纸机传动多以链条传动为主，但新型的输纸机传动主要以无轴传动为主，即飞达的动力由单独电机驱动，从而使飞达与输纸板之间的相位完全可通过程序设定。同样输纸机与主机之间的关系也可通过时序设定，从而将传统的输纸机内部的刚性连接变成柔性连接。采用刚性连接时，传动齿轮由原来的刚性传递改成了刚性齿轮与尼龙齿轮交替传递，可大幅度降低传动噪声。

图 2.54　输纸机的传动系统

从理论上讲，纸张离开飞达进入输纸板后，必须有三个动作：一是接纸动作，就是要把飞达传过来的纸张“接”过来；二是纸张接过来后，在输纸板上还需要继续向前移动，因此纸张在输纸板上还有一个“传”送过程；三是把纸张向前“冲刺”送到规矩部位。通过冲刺，使所有的纸张在到达前规后，纸头都在同一位置。因此把纸张在输纸板上的传送过程也可以概括为以下七个字：一接、二传、三冲刺。输纸板上的所有机构都是为了满足这七个字的要求而设计的。

2.2.2 规矩部分的工作原理

输纸机与主机之间的过渡部分就是规矩部分。其作用是保证进行印刷单元的纸张都保持同一位置。规矩部分主要由前规和侧规组成。前规是给纸张纵向定位用的，侧规是给纸张横向定位用的。一般前规的工作角度 100° 左右，侧规的工作角度为 30° 左右，压印滚筒完成一张纸印刷时转动的角度为 360° 。为了保证纸张可靠定位，在规矩部位还要增加挡纸板。为了适应不同幅面的纸张定位要求，侧规还必须具有横向调整功能。通常侧规调整分为粗调和精调（粗调范围从最小纸张到最大纸张，如四开到对开幅面调整；精调范围在 5 ～ 8mm），粗调就是快速移到指定位置附近，然后通过精调校正位置。现在高档机器上都采用了电动调整技术，只要给定相关技术参数，侧规就会自动移动到指定位置，精度高于人工调整水平。除了侧规可以调整，前规也具有纵向调整能力（-1.5mm ～ +1.5mm），其作用是改变叼口大小，适应不同规格印刷品的印刷要求，如图 2.55 所示。其调整方法和侧规一样，也由传统的机械手工调整改成电动自动调整。

图 2.55　前规、侧规及自动调节装置

从原理上讲，所有纸张在进入印刷单元之前必须都处于同一位置，这就是所谓的定位要求。如何才能使一个薄的纸张都处于同一位置呢？首先要让纸头（叼口边）部位与滚筒轴线平行，因此给纸头定位至少需要两点，这符合两点一线原理，是给纸张纵向定位的。除了纵向要求定位，横向也需要定位。因此横向再有一个定位点，这样就可以给纸张平面定位下来，符合三点一面原理。但有的纸张比较软，当纸张撞到前规后，容易向上弯曲，破坏定位精度。因此，还需要在纸张上面再施加一个定位点，即四点一体。因此把纸张在规矩部分的定位过程可以概括为两点一线、三点一面、四点一体。

纸张在进入印刷单元之前，必须保证其在同一位置。如果不在同一位置，则必须有检测装置来对其位置进行判断。判断纸张是否到位一般用的都是光电检测元件（光纤或 CCD 光电传感器），可对纸张歪斜、早到或晚到进行检测。当出现这些故障时，前规不抬起（气缸压纸）、递纸牙不叼纸（辅助控制凸轮），这套控制机构就称为检测与互锁机构。检测与互锁机构是印刷机必须的机构，它关系到机器的安全使用。

纸张在规矩部位为绝对静止状态（速度为零），但压印滚筒始终在匀速运转。要使纸张从零速到指定的速度，必须通过一套加速机构来实现，这套机构称为摆动式递纸机构（摆动器），如图 2.56 所示。递纸机构是印刷机的核心机构，直接关系到印刷机精度的高低，其设计、制造、加工、装配要求都非常高。推动递纸机构运动的递纸凸轮安装在压印滚筒的轴头上，凸轮表面还装有一个带刻度的圆盘，这个圆盘可以用来指明机器任何一个部件与零点的相对相位偏差。在调节机器时，必须先校准该圆盘的零点位置，然后以此为基准，校准其他部件的位置。现在的机器上已经没有此装置了，而改用编码器（作用相同，但精度更高，可通过操作面板上的液晶屏观看点动时任意部件的相位）。

图 2.56　递纸机构

递纸机构的类型比较多，最原始的是压印滚筒直接叼纸。这种机构的最大优点是结构简单，但缺点是速度太慢。随后又出现了旋转式递纸机构（优点是回程过程中不会与纸张正面相蹭，缺点是仍属于上摆式递纸机构）、定心上摆式递纸机构（结构简单但速度低，回程时会和纸张表面相蹭）、偏心上摆式递纸机构（也属于上摆式一类，厚纸时存在着回程和纸张表面相蹭的可能性）、下摆式递纸机构（目前公认为最好的递纸机构）。现在广为流行的是下摆式递纸机构，因为机器速度越来越高，只有下摆式递纸机构才可能有足够的定位时间。为了防止下摆式递纸机构回程时和纸张背面相蹭，在递纸牙牙片上安装了托纸轮，可以降低纸张和牙片相蹭的可能性。

从原理上讲，无论哪一种递纸机构，都要满足纸张从规矩部位到后续滚筒之间的交接要求。将递纸机构的运动周期详细分析如下：一是递纸机构将零速纸张从规矩部位向前加速传递到后续以表面线速度运行的滚筒；二是递纸机构将纸张在与滚筒表面同步速度时交给后续滚筒；三是递纸机构在交接完纸张后，因惯性继续向前移动到最远位置；四是递纸机构在到达最远位置后要停留一段时间；五是递纸机构从最远位置先加速、后减速回到规矩部位；六是递纸机构停在规矩位置准备取下一张纸。可以将递纸机构一个周期运动过程概括为两句话：零速加传等速交，惯性前行变速返。上面对递纸机构运动过程的分析可以用来指导递纸机构的设计和运动与动力的分析。

2.2.3 滚筒部分的工作原理

单张纸印刷机又可以分为单张单色印刷机、单张多色印刷机、单张双面印刷机等几种类型，如图 2.57 所示。单张单面单色印刷机是完成纸张单面单色印刷，这是最简单的胶印机。如果需要制造 2 个色组或 2 个色组以上的印刷机，就在中间增加一个色组即可。两色和单色的差别是非常明显的，因为两个色组之间需要进行颜色套印，因此印版滚筒的结构与单色机的印版结构有了明显区别，即需要增加拉版机构。单色组印版滚筒这些调整不是通过印版滚筒本身调节实现的（有时也可以通过版夹子位置调整来实现），而是通过前规和侧规的调节来完成的，操作简单方便。若需要制造四色机，则在双色机的基础上再增加两个色组即可。不过，四色机与双色机最显著区别不是原理上的区别，而是精度上的区别。四色机印刷单元核心部件的精度要明显高于双色机，因为它要完成四色套印。如果单从加工成本角度看，双色机的加工成本应该是单色机的 4 倍以上，四色机加工成本是双色机的 4 倍以上，也就是单色机的 16 倍以上。当然，如果机器色组进一步增加，那么加工成本还会进一步增加。单张纸印刷机上除了印刷单元外，有时还要增加上光单元、烫金单元、模切单元等，增加的单元越多，机器的结构也就越复杂。

（a）印刷单元　　（b）印刷单元传动面　　（c）印版滚筒横向限位

图 2.57　印刷单元

印刷单元在纸路中的作用是把纸张从递纸牙接过来，再送给收纸滚筒。图 2.58 是纸张在传纸滚筒上传递的三个位置。要保证纸张在印刷单元稳定传递，除了对牙片、牙垫有所要求外，对叼口也必须有严格的要求，如图 2.58 所示中传纸滚筒上的叼口为 5 ～ 7mm。通常压印滚筒上的叼口要大一些，因为它要克服橡皮布对纸张的黏滞力，所以也有将压印滚筒上的叼牙称为大牙，其他滚筒上的叼牙称为小牙，大牙的叼纸量通常在 10mm。考虑到牙尖厚度对印刷的影响，还需要再留出 5mm 左右。所以纸张叼口边印正品之前至少要留出 15mm 的白边，如果再考虑出血等因素，纸张叼口边要留出 18 ～ 20mm 的余量。海德堡等厂家生产的双面印刷机前面颜色印刷时叼纸张的前叼口边，后面颜色印刷时叼纸张的后叼口边，这种机器所用的纸张称为双叼口纸张，至少要有 30mm 以上的白边。另外，双叼口对纸张的裁切精度要求相对也要高一些，所以选择这种机型的厂家，一定要注意这个问题。除非特殊需要，建议直接购买专用的双面印刷机或单面印刷机，不要购买那种可单双面转换的印刷机，至少目前不建议这样做。如果非坚持买双叼口的印刷机，则最好配备一把高精度的新刀。

图 2.58　纸张在滚筒中间的传递过程

2.2.4　收纸部分的工作原理

收纸部分的作用是将印刷完的纸张收齐，为印后工作奠定基础。为了实现这个要求，收纸部分除了必须有收纸滚筒外（把从压印滚筒取过来的纸放到收纸台上，如图 2.59 所示），还必须有减速机构（链条减速、制动辊减速、风扇减速等）、平纸机构（大张印刷时尾部防卷曲）、防蹭脏机构（托纸布带）、齐纸机构（前齐纸、后齐纸、侧齐纸）等。一般来说，纸张到达收纸部分时，纸张表面已印刷完毕，因此印刷质量已经接近尾声，绝大多数倍径滚筒都能够满足这个要求。但收纸滚筒还要参与印刷过程，这时要特别注意此位置的表面防蹭脏处理。图 2.59（a）所示的收纸滚筒是双倍径滚筒，因而是在印刷完成后才将纸张从压印滚筒上取过来。不过当机器速度比较快时，链排是从中间的下链排滑道向前运动，因而纸张背面很容易和前进中的障碍物表面相蹭，所以通常要用带绒毛的布带或气悬浮方式将纸张尾部托起来。在处理防蹭脏的同时，还要处理纸张尾部的卷曲问题。这也是压印滚筒逐渐改为倍径滚筒的一个重要原因。

收纸部分中另一个重要部分就是收纸链排（收纸链排购置时要特别注意其精度要满足要求）滑道。收纸链排滑道加工、安装精度高低，直接关系到机器噪声大小。因此，所有的滑道都必须用定位销加以固定，防止因滑道移动，造成链条卡死。此外，滑道表面还要淬火，确保表面硬度达到HRC60以上，有足够的使用寿命。收纸链排安装时还有一个重要因素就是所有链排的平行度问题，每一排链排都要相对最后一个压印滚筒进行校准，确保其平行度在要求范围之内。另外收纸牙排与传动链条连接的眼镜盒（见图2.60）也是保证收纸牙排稳定工作的一个极其重要的部件。眼镜盒与链条连接有两点，一是靠定位销与链条以旋转运动副形式连在一起，二是另一个定位销在眼镜盒上的滑道以移动副形式连接在一起。长时间的往复移动及润滑的缺失，很容易导致眼镜盒松动，从而导致收纸链排工作不正常，出现取不下纸或撕破纸张等情况。现在眼镜盒设计上存在两个问题，一是眼镜盒更换不方便，二是保护措施不到位。从工程实践角度考虑，应该在眼镜盒与定位销配合的一侧再添加一块钢板，由这块钢板与链条的定位销配合。大修机器时，更换这块钢板就能够恢复牙排的工作状态。

（a）　（b）　（c）

图2.59　纸张在收纸链排的传递过程

图2.60　收纸滚筒、链排滑道

牙排在收纸部分开牙时靠的是开牙凸轮，根据需要开牙凸轮的前后位置和角度都可以做调整，从而调整收纸牙排的开闭牙时间。一般来说，当厚纸高速印刷时，收纸张牙排要提前开牙；当薄纸低速印刷时，开牙时间可以晚一些。正确调整开牙时间对收纸部分收齐纸张至关重要，因此要求开闭牙凸轮的位置调整操作比较方便，但要确保开牙凸轮在任一位置都能够可靠锁紧。

除了控制开闭牙时间早晚外，还要控制风扇的风力大小，这也是保证收纸质量的一个重要环节，还需要控制的就是制动辊的吸力，其作用是将纸张下面的空气吸走形成真空，便于上面的风扇下压，使纸张堆积在一起。风扇和制动辊的配合对纸张平稳降落起着重要作用。所以风扇及制动辊的风量及速度都是可以调整的，并且风扇还可根据纸张幅面部分关闭或打开。现在一些新型印刷机采用了吹风管代替传统风扇，结构简单、成本低，还可使用高压气体，适合高速印刷设备收纸需要。

纸张落到收纸台上就需要靠齐纸机构来收齐纸张，如图 2.61 所示。纸张前后收齐主要靠前齐纸机构（纵向往复摆动的齐纸机构）和后齐纸机构（有些机器的前齐纸机构不动，后齐纸机构前后移动）。纸张左右收齐主要靠侧齐纸机构，侧齐纸机构通过左右移动将纸张撞齐（一般印刷机，侧齐纸机构的左右移动量在 20 ～ 30mm）。

喷粉部分。喷粉是印刷机必备的一个装置，虽然现在出现了各种各样的烘干装置，但喷粉装置还不能完全取消。主要原因是喷粉的干燥机理与其他烘干机理不一样，它完全是靠物理隔离的方法，防止上下纸张粘连在一起。纸张干燥主要依靠其自然干燥，因此喷粉对纸张的性能影响最小，特别是翻面或二次印刷时最好使用喷粉装置。喷粉虽然是印刷过程中必不可少的装置，但实践中它本身也带来很多问题，如零部件磨损问题。所以在可能的情况下尽量少用喷粉装置或不用喷粉装置。一般以文字为主的产品可考虑不使用喷粉装置，图像在 30% 以下网点面积部分也可考虑不使用喷粉。图像面积在 75% 以上的尽可能少用喷粉，如用收纸台板将纸张成打隔开。对于必须使用喷粉的，要以手表面不粘油墨为准。

图 2.61 收纸部分的前齐纸、侧齐纸及后齐纸机构、风扇等

常见的喷粉装置如图 2.62 和图 2.63 所示。喷粉装置有一个粉罐，通过左右两侧的气管形成一条传送粉子的通道，然后通过分气阀将粉子送到各个喷嘴上，如图 2.63 中的各个喷嘴。每个喷嘴喷粉量的大小可通过喷粉嘴上的旋转阀门来控制，最小粉量可以为零。现在很多机器上都配备了高级喷粉装置，里面还带有加热烧坏、振动装置和分气阀控制旋钮，机器的粉量大小、开通关闭控制都直接在外挂的喷粉装置上完成，操作起来安全可靠。

图 2.62　收纸台及喷粉装置

图 2.63　喷粉装置

收纸台升降原理与输纸台非常相近，如图2.64所示。绝大部分印刷机的收纸台的升降都是通过链轮的转动来带动的，链轮的转动也是通过电机带动蜗轮蜗杆减速器实现的，如图64（c）所示三菱收纸传动。链条等相关部件的强度设计参照输纸部链条等相关部件的设计方法即可。收纸台升降的触动信号是通过纸台表面高低来判断的，有两种触动方式：一是在侧齐纸上面的微动开关触纸时触动的，二是通过光电开关检测纸面完成的（有反射和对射两种）。

由于收纸台传动部件多数工作在间歇运动状态，润滑多采用黄油润滑（如升降链条等）或非循环润滑（如减速器等）。

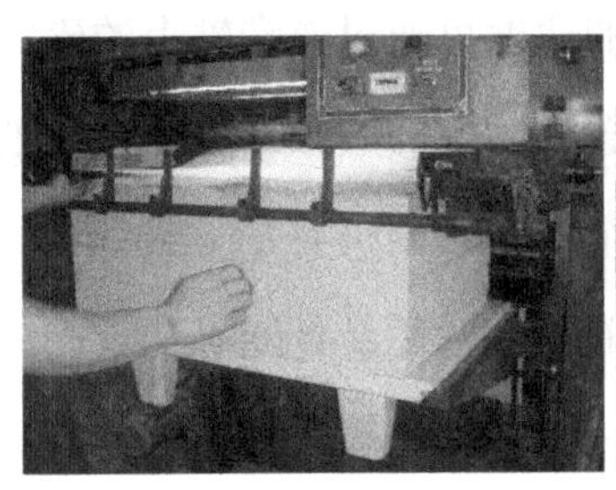

（a）BB收纸台

（b）诸暨收纸部

（c）三菱收纸传动

图2.64　BB收纸台、诸暨收纸部、三菱收纸传动

从原理上看，收纸是给纸的逆过程。因而它的所有动作都几乎与给纸相反。可以描述为下面两句话：接、传、平、喷、托，四面撞整齐。也可以这样描述：圆周交接变直行，后吸、上压、前侧挡，纸张由动变静躺。把这些字和收纸部分的机构对应上了，对收纸部分的工作原理也就基本上掌握了。

与单张纸印刷机相比，另一种形式的印刷机就是卷筒纸印刷机。卷筒纸印刷机的最大优点就是省去了叼牙设备（这也是印刷机制造中最难控制的一个环节）。除此之外，卷筒纸印刷机还将印刷机的收纸部分改成了折页部分，使印刷与折页一次完成，大幅度提高了生产效率。综合分析来看，卷筒纸印刷机比单张纸印刷机制造难度相对要低一些。

2.2.5 卷筒纸设备的工作原理

卷筒纸印刷机由以下几个模块组成：输纸机（放卷部分、张力控制和纠偏部分）、印刷部分、折页部分、收纸部分。卷筒纸输纸机一般有两种：一种是零速接纸机，另一种是高速接纸机。书刊印刷设备多使用零速接纸机，报刊多用高速接纸机。

卷筒纸输纸机如图 2.65 所示，通过气胀轴将纸卷固定在放卷轴上，通过人工或自动将纸张从放卷部位一直空到收卷部位。输纸卷转动的动力来自收卷部位转动的动力或索引辊产生的拉力。卷筒纸放卷的速度可通过放卷轴上的磁粉制动器（如伺服电机反转控制）或类似的制动装置控制。一般报纸卷筒纸输纸机至少有两个以上安装纸卷的位置，通常大型报纸轮转印刷机有三个输纸卷，如图 2.66 所示。书刊轮转印刷机多数有两个输纸卷，多数简易低速书刊卷筒纸印刷机只有一个输纸卷。纸张从放卷装置出来以后通常先进入接纸器，然后进入储纸器，在进入印刷单元之前，还要再经过纠偏装置。储纸器通常是由成对的上下可转动的横梁组成，横梁数目、成对横梁之间的距离决定了储纸量的多少，这些参数的具体值与机器速度密切相关。

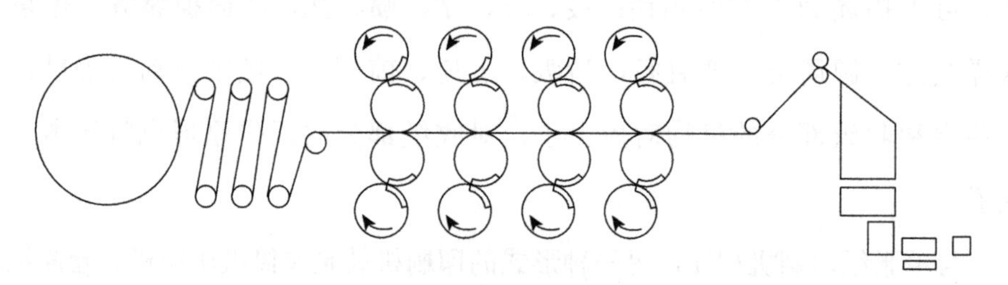

图 2.65　卷筒纸印刷机滚筒排列结构

普通书刊、报纸卷筒纸印刷机结构相对比较简单（与传统印刷机原理一致，但结构有较大差异），但折页机构比较复杂。需要根据书刊和报纸折页要求来设计相关折页机构，如图 2.67 所示。折页机构多数需要通过间歇机构带动

（多数是通过凸轮带动的），所以噪声比较大。书刊的折页一般是在第一纵折（三角板实现的）的基础上，进行第二横折（滚筒折板实现的），然后进行第三横折（刀折）或第四折（横折16开、纵折32开双联）。书刊除了能够直接实现16开折页外，还可直接实现32开双联本（配套的胶装线需带有剔刀）。

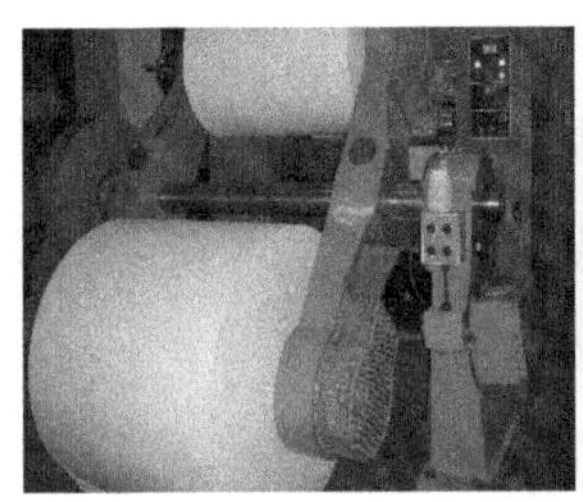
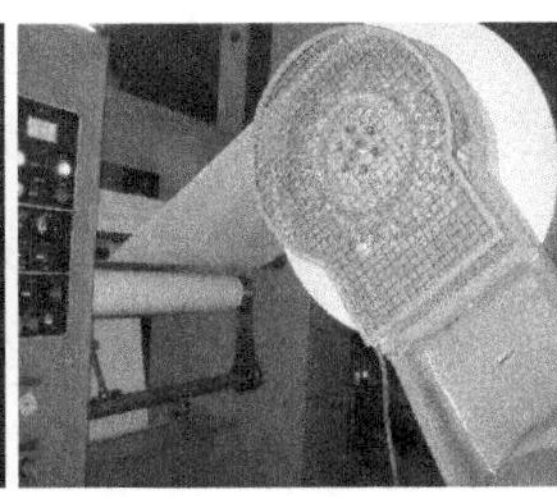

图2.66　三放卷轴和零速交接储纸架

图2.67　卷筒纸书刊生产线

报纸折页更加复杂，有双三角板折页、多纸路折页等。折页后需要通过专用的传纸路线与打包机相连，在传纸路上还装有专用的计数单元。

与上面两种卷筒纸印刷机相比，商业轮转印刷机除了墨路相对复杂外，其最为突出的特色就是烘干装置，烘干装置质量的高低决定了机器速度的高低，也决定了机器能耗的高低。卷筒纸烘干装置种类比较多，有蒸汽烘干装置、天然气烘干装置、电加热烘干装置、油加热烘干装置、EB烘干装置（必须使用专用EB油墨）、UV-LED烘干装置等（必须使用专用UV-LED油墨）。不同的烘干装置效率不同、成本也有差异，现在用的比较成熟的是蒸汽烘干装置。EB烘干装置在国外使用比较多，国内只有极少数厂家引进了此类设备。UV-LED烘干装置在低速卷筒纸或平张纸印刷机上的使用也比较多，其高速问题至今还没有彻底解决，中间还有很多技术问题需要攻关解决。

很多报业轮转印刷机、高效的书刊卷筒纸印刷机后面都备有自动堆积机。自动堆积机一般具有两个功能，一是将产品按数分打，二是将分打的产品打包成捆。还有一些高档的堆积机可以自动打印客户收货地址，后续配置可以直接与邮局的相关设备配套交接。

除了前面所述的几种卷筒纸印刷机，还有在此基础上衍生出来的票据生产线、标签印刷机、凹印机、柔印机、数码印刷联动线等，如图 2.68 所示。这些机器的特点是多种印刷工艺和多种印后工艺相互组合，以满足市场上多种产品的印刷要求。

图 2.68　卷筒纸商业印刷生产线

相对于单张纸来说，卷筒纸虽然没有叼牙问题，但带来了纸卷更换、张力及纠偏控制等问题。

2.3　水路和墨路工作原理

2.3.1　水墨路工作原理

传统的胶印原理是利用水墨平衡原理完成油墨转移的。对于已经制好的胶印印版来说，其表面已呈现出两种特性：空白的位置既具有亲水特性，又具有亲墨特性；图文部分只亲墨、不亲水。胶印印刷过程中就充分利用这个特性实现印版表面图文部分上墨、空白地方上水的效果。在印刷过程中必须要先上水、后上墨。在先上水的过程中，由于图文地方不亲水，而空白地方亲水，则在印版表面首先形成图文地方无水，空白地方有水的布局。后面再上墨的时候，由于空白地方的水不亲墨，而只有图文地方亲墨，所以就形成了只有图文地方才有墨的版面格局。当印版滚筒和橡皮滚筒接触时，空白地方的水转移到橡皮布上，图文地方上的墨也转移到橡皮布上，最后是橡皮布上的水和墨一起转移到压印滚筒表面的纸张上，如图2.69所示。现在大多数胶印机设计都遵从这个原理。

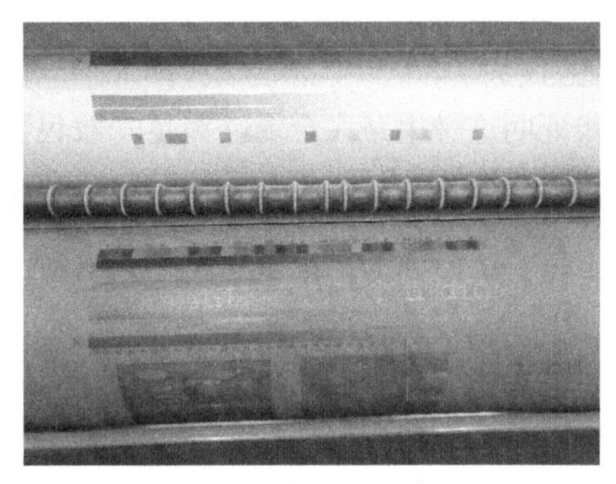

图2.69　油墨从印版上转移到橡皮布上的过程

水墨平衡原理是不变的，但水墨路的结构却千差万别，很多制造厂家或销售厂家往往把水墨路结构上的这些差别作为评价产品质量的一个重要指标。

关于墨路的研究论文很多，大部分可以归结为以下两类：对称墨路和非对称墨路。所谓的对称墨路就是所有的靠版墨辊供墨量都完全相同，非对称墨路就是靠版墨辊供墨量有所差异。从自然规律的角度讲，非对称墨路相对更符合匀墨要求。对于四根靠版墨辊的机器，非对称墨路中前两根辊起主要供墨作用，后两根辊主要起补充墨量和收墨的作用。所以相对对称墨路来说，非对称墨路更容易保证供墨的均匀性。

除了对称和非对称描述墨路的结构，还有一种描述墨路的方法就是单墨路和多墨路。所谓的单墨路就是从墨斗出来的墨经过传墨辊、上串墨辊、匀墨辊、中串墨辊、匀墨辊、下串墨辊至第一根靠版墨辊（靠近靠版水辊最近的那根墨辊）和第二根靠版墨辊，第二根靠版墨辊再通过重辊把油墨传到第三根靠版墨辊，第三根靠版墨辊再通过第二根下串墨辊将油墨传到第四根靠版墨辊。在单墨路中除了个别地方必须的重辊，所有的主要传墨路线上只有一根墨辊存在，因此其第一个优点是墨路可以从任意一个位置截断，从而可减轻印刷过程中第一张纸墨量过大的问题；第二个优点是便于散热，相对来说能够适应更高的印刷速度要求；第三个优点就是下墨速度快，适合包装等产品大墨量印刷要求，图 2.70 最左侧墨路图就是德国高宝 105 印刷机所采用的单墨路结构图，实践证明这种墨路完全能够满足一般包装和书刊印刷要求。单墨路的缺点是对墨辊精度要求比较高，稍有调整不合适或轻微磨损都有可能导致墨路系统不正常工作。多墨路就是从上串墨辊和中串墨辊出来的墨路分两条或多条以上到达各靠版墨辊。其最大优点是多墨路容易保证供墨的稳定性，当个别墨辊出现问题的时候，仍然能够保证系统供墨，单墨路系统就很难完成这个要求。多墨路的另一个优点就是对墨路的精度要求可适当降低。虽然单墨路有比较多的优点，但是目前市场上应用这种技术的厂家并不多，目前多数印刷设备厂家还是更加信赖多墨路设备。

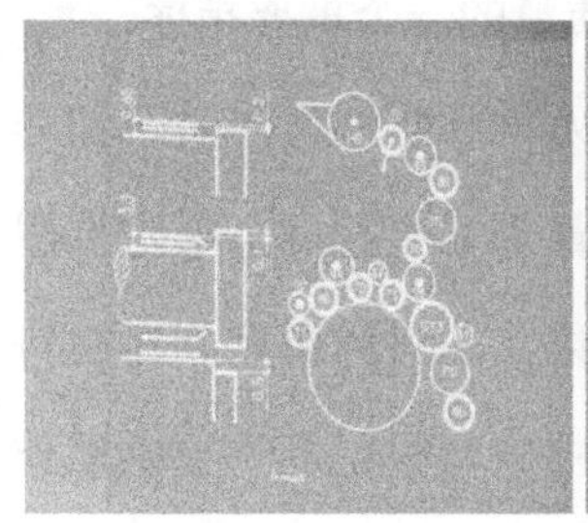 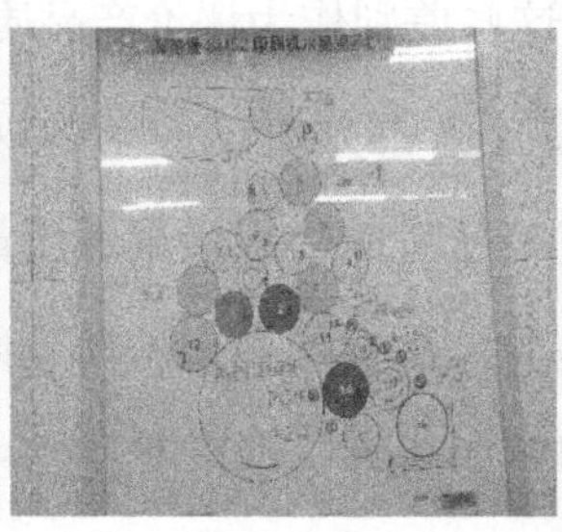 

图 2.70 单墨路与多墨路结构示意图

水墨路排列除了遵守水墨平衡原理，水墨路布局还要保证水和墨能够充分打匀后再传到印版表面，如图 2.71 所示。从自然原理角度讲，水墨辊的根数越多，打匀的效果就越好。但是根数越多，占用的空间越大，成本越高。从极限理论的角度看，当辊的数量到一定后，水墨打匀程度已达到 99.99% 以上，再增加水墨辊数量，对质量提高已不具有明显的作用。正因如此，目前胶印机上墨辊数量多数都维持在 15 ～ 21 根，水辊数量维持在 4 ～ 6 根。之所以墨辊数量多，水辊数量少，主要原因是油墨黏度大于水的黏度。因此在可能的情况下，水、墨辊数量应尽可能多一些。水、墨辊数量也是人们选择胶印机的一个重要标准，数量越多，适应的水墨温度或黏度范围就更广一些。除了墨辊根数外（也称打墨线数），还有一个参数就是储墨系数，即墨辊总面积与印版滚筒表面有效印刷面积之比。这个参数值越大，储墨效果越好；过小容易出现供墨不足的现象。那么水路这个参数比较小，会不会出现供水不足呢？这是应该深入研究的问题，以德国高宝胶印机为例，有 15 根短墨路的，也有 20 根长墨路的。短墨路的机器，操作人员反映明显比长墨路的下墨要快。一般正常操作时也会发现，长墨路的机器调了墨量以后，至少 20 张纸才能够在印品上观察到调节的效果。从上面的墨路图也可以看出这一点，单墨路的机器，油墨都通过一条线下来，因而很容易传到最下面的靠版墨辊上。而长墨路的机器，由于采用的不是单墨路，油墨在第一根串墨辊后就立即分多个渠道向下传送，从而使传到靠版墨辊前两根墨辊的油墨量至少比单墨路的小一半，最后观察到油墨的调节效果就慢一些。

图 2.71　匀墨辊保养现场

从水路、墨路分析来看，储墨系数并非越大越好，其具体值取决于水、墨的黏度。多年来，很多制造厂包括一些教科书都将储墨系数定为 3 ～ 4。单从供墨的角度看，凹版和柔版印刷机的墨路都很短，仍然能够满足印刷要求，所以关键是供墨量问题。若提高供墨频率或持续供墨，则墨路可相对缩短，这也是德国高宝机有多种短墨路供墨系统（15 根墨辊）的关键原因。这里面蕴含着一个问题，就是一次供墨满足一张印品墨量要求还是一次供墨满足多张印刷要求。看来现在多墨路系统多采用了后一种供墨方法，即一次供墨满足多张印刷要求，2010 年以来的印刷设备传墨辊与墨斗辊接触的次数是可以单独控制的（0 ～ 99），使操作者使用起来更加方便，即开始上墨时，可以将数据调得大一些（这种技术的墨斗辊始终随机器按一定比例速度转动）。待到平稳的时候，再将数据改得小一些。迄今为止，几乎所有印刷机上的墨路仍然采用间歇式供墨（传墨辊往复摆动传墨，墨斗辊由间歇运转已经改为连续运转了，但供墨过程仍然是间歇的），水路由传统的间歇式已改为连续式供应，即取消了传水辊（传水辊摆动用于间歇供水），通过水斗辊和计量辊之间的间隙和速差完成水量的连续供应要求。

人们为了解决油墨的供应问题，也想了很多办法。最容易理解的就是数字印刷，每走一张纸供一次墨。还有部分厂家利用这个原理开发了类似一次一张的供墨系统，这种供墨方式是否能够成功还需要在实践上进一步检验。

2.3.2 供水供墨原理

墨量大小取决于印品表面上墨量多少，墨量多少与墨斗辊的转角大小及墨斗刀片与墨斗辊之间的间隙有关。墨斗辊的转动一般分为间歇转动和连续转动两种，如图 2.72 所示。间歇转动多是通过棘轮棘爪机构实现的，连续转动多是通过电机直接带动实现的。图 2.72 所示的中间上串墨辊轴头带有一个内齿轮减速器，通过此减速器（减速器在 1 : 5 ～ 1 : 6）上的曲柄带动连杆，再带动棘轮机构的转动轴转动，实现棘轮棘爪推动墨斗辊转动。墨斗辊转动一次，则传墨辊传墨一次，传墨辊的摆动可通过电磁铁控制的离合器来控制。这种传墨机构现在只应用在单色机或双色机上，多色机上已经见不到这种机构了，几乎全部都采用电机驱动。通过直驱电机控制墨斗辊的转速（随机器速度自动调整墨斗辊转速），通过微型马达控制墨斗与墨斗辊之间的间隙。

图 2.72 墨路供墨装置

判断供墨量是否满足要求，可通过满版实地印刷（至少连续印刷 100 张以上），观察实地墨量大小和墨色的均匀性。若实地墨量足够，则表明供墨系统没有任何问题；若实地墨色表面平服、光泽度高，则表明印刷压力不存在问题。

从墨路的结构看，墨斗辊是控制墨量大小用的，传墨辊是控制最后使用墨量多少用的。传墨辊是独苗，其与两侧墨辊（墨斗辊和上串墨辊）接触的均匀性对最后印品上的墨量起着至关重要作用。

2.3.3 匀水匀墨原理

为了保证水墨轴向（横向或左右）和周向（纵向或前后）打匀，水墨路系统上采用了既能周向转动，又能横向移动的串动机构。增加串动机构的主要目的是解决因印品表面对水墨横向需求的不均匀性。从匀水匀墨的角度看，串墨辊或串水辊越多越好。现在的印刷机上除了专用的串墨辊，几乎所有的匀水辊或匀墨辊都可以串动，这就大幅度提高了油墨的横向均匀性。除了这些墨辊串动，有时还要求靠版墨辊串动，可以消除印刷时产生的鬼影。主串墨辊的串动动力来源于齿轮（齿轮与版滚筒上的齿轮半径比为 2∶1）上的曲柄回转，曲柄的长短可改变串动量的大小。其他串墨辊的动力都来自传动面主串墨辊轴头推动摆杆，摆杆是通过两个铜滑块与主串墨辊和其他串墨辊相连接。串墨辊与墙板之间相对滑动是通过直线轴承（通常叫花篮轴承）实现的。总之，要提高匀水匀墨效果，所有的水墨辊都要求能够相对挤压和横向串动（且所有相邻墨辊的直径应该为质数），但要注意的是靠版水墨辊串动会造成印版表面磨损。

2.3.4 串水串墨原理

印刷机对串动机构也有要求，就是换向过程必须在滚筒的版尾后面的缺口中完成。这是因为串动机构在左右串动过程中，开始串的时候速度从零开始，串到另一侧时，速度又变成零，只有中间过程速度最大。一般来说，速度越大，串墨效果越好。所以从串墨机构来看，尽量让中间串动速度比较高的部分对准印品表面需要墨量最大的地方（可通过相位关系推算）。很多厂家在设计串动机构时，滚筒转动 2 圈，串墨辊往复串动一次。还有些厂家推出了相位可以改变的串墨系统，即相邻串墨辊不是 180° 换向，具体换向角度取决于设计参数要求。总之串墨量越大，串墨速度越高，串墨效果越好。印刷过程中版面墨量比较小时（如满版文字），串墨量就可以小一点；反之版面墨量比较大时（如大块实地），串墨量就可以大一点。从图 2.73 中可以看出，串墨辊通过摆动机构实现串动的原理都完全一致，差别是一种采用轴承带动串墨辊摆动，另一种是通过铜块带动串墨辊摆动。当然现在也有一种新的串动技术，采用液压、气动或电动推力实现串墨辊串动。如果能采用这些新技术，那串墨相位、串墨量等参数都可以根据需要在一定范围内任意进行调整，印品质量一定会有比较大的提升。

图 2.73　串墨辊的工作原理

串墨相位对印刷质量而言也是比较重要的，所以要使串墨速度最大的地方对着印版表面墨量最大的地方，从而可保证最大限度地打平靠版墨辊表面上的残墨。对于一般要求不高的产品，让串墨辊在滚筒缺口部位换向（零速时串墨效果最差），则对印品质量影响比较小。海德堡机器的匀墨系统质量比较高的原因是除了正常的四根串墨辊，所有的重辊也能够在转动过程中实现串墨（内部装有自动串墨机构）。其直径大小的不同，串墨的周期也不相同，因而这种墨路可以满足绝大多数印刷机的匀墨要求，现在很多其他印刷机制造厂也开始采用这种技术了。

为了保证匀墨效果，现在印刷机上开始采用斜齿轮传动取代传统的链条和直齿轮传动，如图 2.74 所示。一些旧式的印刷机上还有链条传动系统，这种传动的最大缺点是链条伸长变形或磨损后，会给墨路工作带来比较大的困难，另外从链条本身的传动效果来看，其转动的均匀性也低于齿轮传动，但其优点是结构简单、成本低。最初的印刷机上从链条转为齿轮传动使用的是直齿轮，后来随着机器速度的提高开始采用斜齿轮，目前高档印刷机全部采用斜齿轮传动。

墨路系统设计还要考虑两个问题：一是串墨量大小调节机构，二是串墨量相位调节机构。多年的实践经验证明串墨量大小调节用得很少，串墨量相位偶尔使用也不多。两者相比，后者能略微多一些。所以从印刷机设计的角度看，串墨量大小调节可以设计成固定的，除非有些厂家需要进行彩虹印刷（这种厂家毕竟只有极少数，可单独申请加装相关机构）。对于中、低档印刷机而言，串墨相位无须任何调整，装配完后即可长期不变，特殊情况下需要调整的时候动一下齿轮相位即可。

图 2.74　墨路传动系统

从上面分析也可以看出，滚筒的缺口越大，滚筒表面的串墨效果越好。所以单张纸印刷机要比卷筒纸印刷机的串墨效果好得多。因此，在现有的技术条件下，单张纸印刷机的印刷质量要远优于卷筒纸印刷机的印刷质量。

2.3.5　靠版墨辊和水辊工作原理

靠版墨辊和水辊是墨路传到印版滚筒表面的最后一个环节，它们是通过摆架挂在串墨辊两侧的轴头上（摆架里面有铜套，需要加油润滑，如图 2.75 所示），几乎绝大多数印刷机都采用此技术，个别的印刷机上可能稍有差别。因此对这部分设计有很多专业要求，如辊的直径差异问题、辊的总体周长问题等。一般情况下，人们的共识是靠版墨辊直径大小不宜相等，应有稍微显著的差异，但也不能成倍数差异。如果相等或成倍数差异，很容易形成墨杠。为了保证靠版水辊和墨辊能够工作可靠，其和串墨辊及印版滚筒之间都设有专用的调压机构。靠版水辊多数用两个，一个是主上水作用，另一个是匀水作用（缺的补上，多的拿下）。为了减少水辊数量，又能保证匀水效果，现代印刷机上多数采用了一根专用水辊，一根和靠版墨辊共用的水辊，还有些机器采用了和前两根靠版墨辊共用的靠版水辊，相当于三根靠版水辊。当然如果需要的话，也可以想办法让四根靠版墨辊都变成靠版水辊，不过一般没有这个必要。对于一般普通产品，一根靠版水辊就够了；对于质量要求比较高的产品，至少要两根以上靠版水辊。

图 2.75　靠版墨辊及水墨离合机构

靠版水辊和墨辊有两种状态可选择，一种是合压状态，另一种是离压状态。

这个过程是通过气缸拉动摆架实现的。离合量大小取决于印版表面和墨辊表面的油墨厚度。实际上只要墨辊与印版表面不相蹭即可，另外再考虑印版下面衬垫厚度的调整，还要考虑摆架与串墨辊回转轴之间可能因磨损产生的间隙，水墨辊的离压量可控制在 1mm 左右。

2.3.6 水墨辊压力控制

水墨辊压力是保证水墨正常传递的关键因素之一，因此每台机器都要定期对水墨辊的压力进行校正。多数水墨路水墨辊的压力可调的主要是传墨辊或传水辊（计量辊）和着墨辊或着水辊（靠版墨辊或靠版水辊）。由于传墨辊需要精确传递墨量，所以其硬度相对其他辊要高一些，通常在 35 度以上（海德堡的为 39 度）。传墨辊与两侧墨斗辊和串墨辊的压力都是可以调节的，到串墨辊这边是靠强力推动的，一般都通过靠栅来控制其位置；于墨斗辊一侧是靠弹簧加压的，通常也是通过靠栅来控制压力的。传墨辊的压力一般出厂前都是严格控制好的，初学者最好不要调节。着墨辊与串墨辊之间的压力是通过偏心控制的，这个压力直接关系到墨能不能传下去，所以要特别慎重。现在所有机器上这个压力调整都是通过蜗轮蜗杆机构实现的（蜗轮圆面带有一个偏心套，墨辊轴头装在这个偏心套里面，两侧都有）。水墨辊的压力值大小可参照图 2.76，不同的机器压力大小可能有所差别，请参照机器随身所带的说明书。为了保证油墨能够可靠地转移到印版滚筒表面，靠版墨辊的硬度相对要低一些，海德堡的靠版胶辊硬度为 34 度，国产机器多数在 28 度左右。总体看来，为了降低墨辊的磨损速度和提高印品的清晰度，墨辊的硬度在逐步提高。水墨辊表面必须有足够的弹性和耐磨性，两者必须兼顾，因此硬度太高也不可取。对于低精度和二手机器，建议可在上述硬度的基础上，适当降低水墨辊的硬度 3 ～ 4 个。

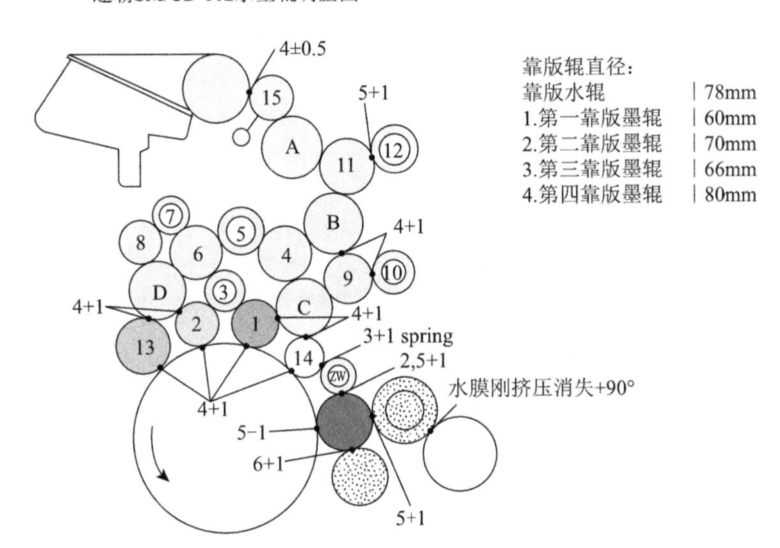

图 2.76 水墨辊排列图及压力大小示意图

2.3.7 洗墨装置

洗墨装置又称刮墨器，是印刷机必备的装置之一。在进行印刷机保养时必须要将水墨路上面的杂物清洁干净，这个工作就是通过刮墨器完成的。刮墨器由刮墨刀和接墨盒组成，刮墨刀实际上就是一个长条形由两个钢板夹住的硬橡皮条，通过硬橡皮条将最后一根串墨辊的油墨刮下来，其他水墨辊的杂物也通过这个辊一起回流到接墨盒或接水盒里面。从图 2.77 中可以看出，每清洁一次墨路，油墨的浪费量很大，所以 24 小时不停机可减少大量的油墨损耗。

除了保持水墨平衡，水还有给墨路降温、消除静电等作用。它的缺点是造成纸张变形，增加了印品质量控制的难度，会导致印品质量下降。因此印刷时水量应尽量控制得小一点。

图 2.77　刮墨装置

2.3.8　无水胶印墨路机构

相对于有水胶印，后来又发明了无水胶印。由于没有水了，不存在水墨的乳化问题，印品色彩鲜艳。但由于墨路因摩擦挤压等产生的热量无法散发出去，不得不采取串墨辊中间通冷却水的办法来吸收热量，增加了串墨辊机构设计的难度。由于无水胶印印版价格相对高一些，对目前的客户来说还难以接受，所以尚需比较长的时间加以推广普及。不过由于无水胶印大幅度降低了印刷质量的控制难度，因而其市场需求量一定会逐渐增大，特别是对 VOCs 的要求越来越严格，这种可能性就会越来越大。

2.3.9　其他墨路

1．UV墨路和普通墨路

有时候印刷不仅要使用普通油墨，还要使用 UV 油墨（UV 光照可快速烘干）才能达到预期的效果，现在为了降低能耗，又开始使用 UV-LED 油墨，这些油墨可能会和普通胶辊产生相溶性，从而导致胶辊磨蚀。因此，使用 UV 油墨时，要配备专用的 UV 胶辊。

2.彩虹墨路

有时候希望一个色组能够实现多个颜色印刷，标签产品通常有这个要求。如果要印刷机满足彩虹印刷要求，需要提前与印刷机制造厂家沟通。印刷机制造厂在出厂的时候同时配齐相关部件。另外在进行彩虹印刷时要将串墨机构的串动量调成0。

2.4 油路工作原理

由于机器结构不同、工作状态差异，印刷机的油路结构也有所不同。最初的印刷机由于速度低，多采用非循环油路，即润滑完的油直接按废油处理，不再重复使用。这种结构的最大优点是各润滑部位工作的润滑油始终是新油，保证了润滑质量；缺点是油的浪费比较大。因此，为了减少油的浪费，非循环润滑油的油号通常比循环式润滑油的油号要高一些。循环式润滑油的优点是润滑油的利用率高，浪费少；缺点是二次过滤系统比较复杂，油路成本比较高。由于机器速度越来越高，循环式润滑的优点也越来越突出，现在高速印刷机上几乎无一例外都采用循环式润滑。由于非循环式油路比较简单，本节只列出循环式油路原理图，如图2.78所示。从图中可以看出，油箱是一个单独的整体，内部有过滤器、油泵和润滑油。按标准要求，油箱上面还有液面刻度尺，可以显示液面高低。油箱里面的油先经过过滤器过滤后才能到达油泵，然后到达第二个过滤器（一般这个过滤器是超精细过滤器）。过滤出来的油经过分油阀分别向传动面和操作面供油，各工作面上的分油阀又通过电磁阀和供油管向齿轮、链轮及轴承等部件供油。经过润滑的油又通过回油管道回到回油箱，回油箱又通过回油管道将收回来的油送到供油箱里面。注意，在上面的供油管道末端都有一个压力表，可以检测各油路压力。一旦出现压力不足，机器立即停机报警。真实的油路要更复杂一些，主要表现在一是机器的墙板表面本身就是回油管，二是机器的护罩底部就可以作为回油箱。在油路所经过的沿线，都有大量的密封装置，防止机器漏油，很多老机器漏油多与密封圈失效有关。

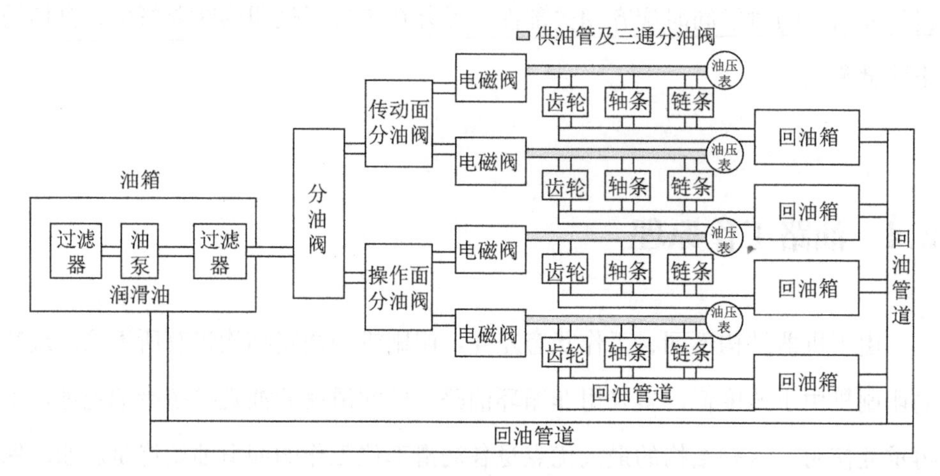

图 2.78 循环油路原理示意

机器所用的润滑油黏度与机器的负载和机器的速度有关，一般负载大、速度高时，选用的油号都要高一些。很多关于润滑方面的资料都将机器速度作为选择润滑油的重要参考指标。现在随着印刷机速度越来越快，油号越来越高是很正常的。不过目前很多单双色印刷机的速度相对比较低，绝大部分不超过10000 转 / 时，可以使用传统的 20 ～ 30 号国内普通机油。从各厂家说明书所推荐的润滑油来看，日本的机器可以使用 46 号或 68 号普通机油，德国的机器可以使用 100 号以上的普通机油。事实上，现在市场上使用的润滑油多种多样，没有统一要求，但基本上按上面的原则使用，一般不会有任何问题，关键是要保证油品合格。油就像人的血液一样，直接关系到机器的生死存亡。起初血液变质的时候，人们往往感觉不到。等到人们有感觉的时候，那就为时已晚了。所以必须定期对机器进行体检，特别是要对润滑油进行化验，确保没有任何有毒的东西混入其中。当自己不能确定所用的油号时，要和制造厂家的服务人员联系，明确所用机器应该使用的油号。由于油号上的差异，很多中间商利用这个赚取用户的费用，用户一定要特别慎重。

空压机和气泵用的油（耐高温、价格高）与机器上用的普通机油完全不一样，二者绝对不能互换，一定要专油专用。

除了机油润滑，还有黄油润滑。机器上有很多部件不适合机油润滑，如滚筒牙排、收纸链排等只能采用黄油润滑。由于印刷机工作环境相对其他机器来说还是比较好的，一般普通黄油就完全可以满足要求。长期以来，人们都是通过手动加注黄油，现在也有机器使用黄油自动加注装置。只要将油枪对准油嘴，就可以自动加油，且可以多个位置同时加油，显著提高了加油速度。

近年来，用皮带轮代替钢轮的印刷机传动越来越多了，还有很多地方开始采用密封轴承，因而润滑部位在不断减少。不过直到今天为止，要完全取消现场加油润滑，还有很大困难，至少还没有见到任何厂家这样做。可以肯定地说，还有很多材料方面的问题没有得到解决。也许将来有一天像电动汽车完全淘汰烧油的汽车一样，用自润滑材料完全代替油润滑技术（如磁悬浮轴承代替传统轴承），那时所有的机械设计再也不用考虑加油的问题了。

2.5 电路原理

随着自动化和信息技术的发展，在机械设备上使用电气控制的现象越来越常见了，最典型的代表性应用领域就是无轴传动和人工智能。可以说，与传统的机械设备相比，现在的机器确实是更加聪明了，更加智能了。

随着电气集成技术和模块化技术越来越成熟，电路设计变得越来越简单了，电路的可靠性也大幅度提高了。高档的印刷设备，只要保养得当，基本上可以保证电气在规定的寿命周期内不出任何问题。印刷设备电路工作原理如图

2.79 所示。电路系统大致可以分为四个部分：输入信号、控制系统、驱动系统及执行元件。

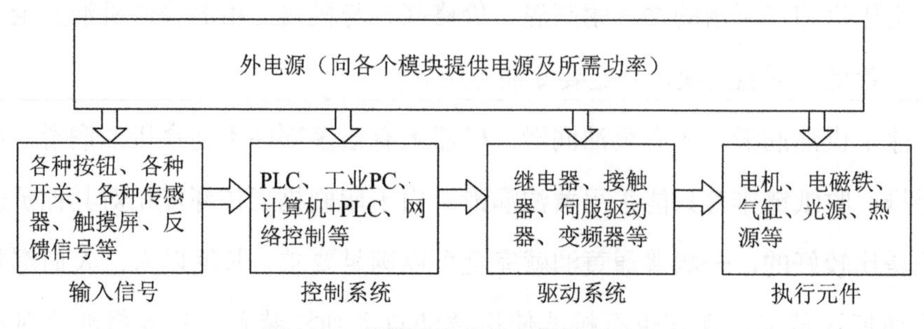

图 2.79　印刷设备电路工作原理示意

输入信号包括机器上的各种按钮（操作台上的、键盘上的、摇控器上的等）、各种开关（行程开关、接近开关、微动开关等）、各种传感器（光电传感器、超声波传感器、流量或压力传感器、温度或湿度传感器等）、各种触摸屏（机器上的、操作台上的、摇控器上的触摸屏等）、反馈信号（位置、时间、压力、温度、湿度、电压、电流等）。除了安全杠上的紧急停锁信号能够直接切断外电源，其他的输入信号都直接与控制系统连接。

控制系统对这些信号进行加工处理，最后根据处理结果来驱动后面的驱动系统。最古老的机器控制系统都是通过各种继电器搭接起来的，从二十世纪八十年代末，PLC 基本上就成为机械控制系统的标准配置，特别是今天的 PLC 功能越来越强了，原来不能处理的模拟电路也可以处理，原来不能完成的一些数学运算也能完成了，且稳定性和可靠性又进一步提高了，因此 PLC 出现的故障越来越少了（即便有，多数是电池问题）。不过对于运算量大的控制系统，PLC 不能够胜任，所以工业 PC 在一些数控领域的应用越来越多了，最典型的就是数控机床。印刷机上这种时时需大量数据处理的不是很多，所以工业 PC 用得不是很多。随着信息管理系统在印刷机上的广泛使用，计算机（上位机）+PLC（下位机）的控制模式使用得越来越多了，现在高档印刷机上这种配置已经成了标配。由于计算机在印刷机上的使用，整个印刷机就可以看成完全是由计算机控制的，对控制系统进行升级换代就和计算机升级换代一样，只要更换个别软件和硬件（控制卡或驱动器），就可以提高系统的控制性能。

驱动系统就是驱动执行元件按规定工作的系统。早期的驱动系统都是人工搭成的模拟电路，现在这部分也已经模块化了，而且智能化了。可以局部编程，从而使其使用更加灵活了，如伺服驱动器、变频器等，可以根据机器特性要求，设置机器的动态特性曲线。随着驱动系统的模块化，驱动系统的可靠性得到了大幅度提高，特别是近十年因变频器等驱动设备造成电气故障的几乎很少见到了。变频器等驱动系统的使用不仅能够驱动执行元件工作，还能够实现能耗刹车，从而使机器的制动系统大幅度简化。

执行元件主要以电机为主，其他元件如电磁铁、电磁阀、风扇、光源等也属于执行元件。由于变频技术的使用，机器上所用的电机绝大多数都是变频电机，因而能够最大限度地减少能耗。在很多情况下，可以不用另外再添加减速器，变频器本身就可代替部分减速功能。

各模块所需要的电源都由外电源通过变压器，再加上稳压电路来保证的。外电源可由专业电气公司配作，也属于标准电源，可大幅度降低故障率。

电气设计的出发点首先是电机的选定，也就是要知道机器的负载大小。机器的负载因各种各样的因素事先难以精确估计，通常是根据经验选定。比如 J2108 机的功率为 7.5kW，则双面单色 BB 机或单面双色 05 机的功率为 11kW，因为给纸部分和收纸部分这几台机器大致相同，可以认为它们的功率基本一样。除此之外，二者的差别就是多一个色组，所以在原来的机器上增加 3 ～ 4kW 就可以了。这是假定机器的速度和原来机器的速度基本相等，如果机器速度有所提高或减少，机器的功率也可随之相应调整。除了这种经验估计，还可以通过三维设计软件对机器启动过程进行模拟分析，可大致求得其启动功率。

在机器启动功率确定下来后，就是配套驱动系统元件的选择，如变频器及其他驱动器等。这个阶段特别重要，最好选择兼容性比较强的产品，这样未来产品升级也非常方便。

驱动系统可以看成是控制系统的输出信号，输入信号的设计应该考虑以下内容：一是哪些信号应该作为输入信号？二是输入信号和输出信号之间应该保持什么关系？很多电气设计失败就在于此，不知道哪些信号是输入和输出信号，不知道输入信号和输出信号之间是什么关系。电气设计一定要了解被设计设备的工艺要求，如果不知道工艺要求，就不知道该控制什么，也就不知道该设计什么。在掌握了这些关系后，就可以进行 PLC 程序设计。由于 PLC 程序是循环工作的，所以要保证 PLC 能够时时响应，则需要 PLC 程序尽可能地短，另外尽可能使用事件触发功能。PLC 程序本身设计也是一个不断改进和优化的过程。在选择 PLC 的输入输出点时尽可能留 10% 的备份点，以防某个原因造成一个点损坏，整个 PLC 不得不整体拆下维修。若有备份点，则可改动一下程序，直接上传即可。

由于电气稳定性不断提高，新型电气元件不断成熟，能够用电气代替机械的尽量换成电气控制的。所以在选择传动系统的时候，尽可能选择电气传动，如无轴飞达、水墨辊直接驱动等。现在，电气成本已占机器总成本的 1/3 以上，将来这个比例还有可能进一步提升，如所有的滚筒都采用电机直接驱动，或直接在滚筒的轴头上套上线圈，让滚筒的轴当电机的轴使用。假如再使用磁悬浮轴承，则可以说，所有的滚筒都完全摆脱了机械传动。用电子凸轮代替机械凸轮，可以用电气的间歇传动代替机械的凸轮运动。用电子凸轮代替机械凸轮的一个最大优点是凸轮曲线可以随时调整，从而可以满足不同产品特性的需要。现在这项技术还不能够普遍推广使用，关键是电气控制精度还达不到机械精度要求。到目前为止，机械精度仍然是最高的精度。最高的精度不是机械加工精度，而是手工研磨的机械精度。

现代印刷机械电气设计要把强电和弱电分开，这两条线完全单独布线。如果实在不能分开，必须采取抗干扰措施，保证在机器工作环境内强电和弱电相互不存在任何干扰，从而保证各自走线里面的信号能够正确传递。

电源质量高低往往决定了抗干扰程度的高低，所以每个部分的电源一定要达到规定的电量要求，特别是弱电部分的电源要求要更加严格。

电气部分最忌讳的就是虚接。要保证所有的连接部位都不存在松动现象，确保有效接通面积达到 95%，因此定期要对所有的连接部位进行检查，每年都要将所有的连接部位重新紧固一下，要保证所有连接位置的弹性垫圈都处于可靠的工作状态。另外，所有的焊接部位都不能有虚焊存在。

2.6 气路的工作原理

气有其特殊性，利用其压缩和膨胀的物理特性可以单独作为一个动力源，从而可以废除远距离的机械传动链，实现就近控制。因此，气动控制近二十年来在机械传动上得到了广泛应用。印刷机的设计也融入了气动控制，如滚筒离合压、水墨辊离合压、气动装版机构、真空输纸布带、气动侧规等。气路的工作原理如图 2.80 所示。空气压缩机先将大气中的空气吸入，并形成高压蒸汽，然后经过 FC 型过滤器将空气中部分杂质去除，再通过冷干机对压缩空气进行冷却，并将其冷却到常温。冷却后的空气经过 FT 型、FA 型和 FH 型过滤器过滤后，再通过总阀门送到主管道上。主管道再通过各分阀门将高压空气送到气动元件上。气动元件最大的优点一是泄漏造成的损失小，二是不用回收废气；但缺点是气压过高时容易爆炸，所以空压机的压力一般控制在 6.5 ～ 9.5 个大气压。

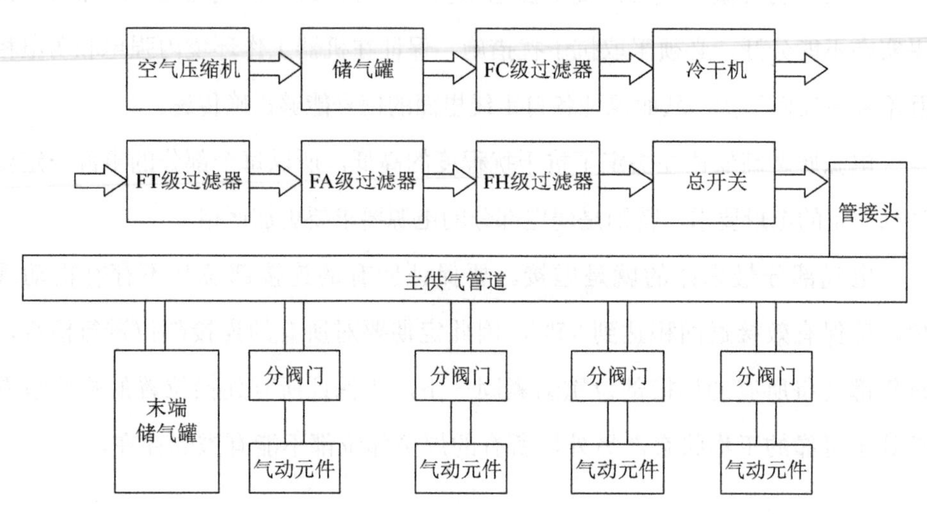

图 2.80　气路工作原理示意

气动执行元件可以是气缸，也可以是气囊；可以是吹风元件，也可以是吸风元件。除了专用的吸风通道，也可以用吹风通过三通产生二次吸风，国产的皮壳机都是利用这种工作原理得到吸风的。

第3章 胶印工艺与材料

胶印工艺与其他印刷工艺相比，有以下几个明显的特点（图 3.1 中最上面的是凸版、中间的是平版、最下面的是凹版）：一是间接印刷，通过中间过渡材料实现图像转移印刷。二是印版表面图文和非图文区别很少，几乎完全在一个平面上。正因为这些特点的存在，胶印机和其他印刷机的结构差异比较大，操作难度不一样，所用材料也有所差异。

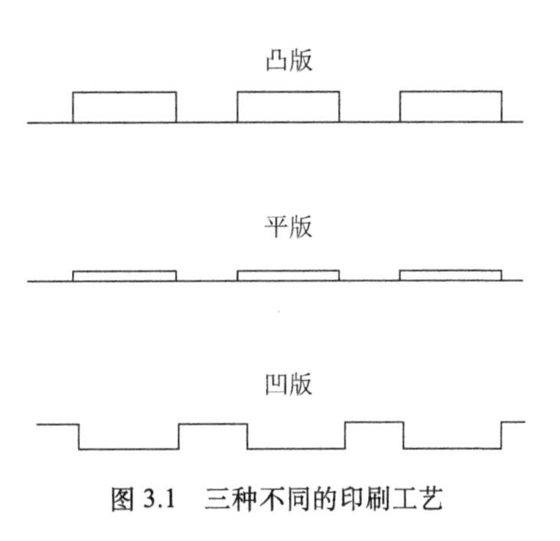

图 3.1　三种不同的印刷工艺

3.1　水墨平衡原理

从图 3.1 中可以看出，对于凸版来说，版面上可以接触比较多的油墨，即使油墨向两边延伸，也不会接触到文字中间的空白地方。所以对于凸版来说，只关心印版表面图文部分是否亲墨即可，因此可以使用水性油墨，无毒环保。对于凹版印刷，图文部位上满油墨后，用刮刀将表面多余的油墨刮除。最后只剩下凹进去的地方有油墨，而空白的地方油墨已经被刮刀去除掉。凹版最大的特点是墨层比较厚，干燥过程比较困难，所以凹版印刷一般使用溶剂型油墨，但其毒性比较大。对于平版印刷来说，采用上述两种方法解决上墨问题都比较困难。如选用特殊油墨，只在图文表面保留，空白地方不亲墨，这种油墨和版材价格都比较高，导致印刷成本增加。所以人们通过多年实践经验总结出了一套行之有效的方法，就是水墨平衡。通过让空白的地方先上水（图文的地方不亲水），然后在印版表面整体上墨。已经有水的地方不再亲墨，而无水的地方则亲墨，从而实现了印版表面有图文的地方有墨，无图文的地方有水。如果图文上的油墨和非图文地方的水相互不越界，则称为水墨平衡。胶印工艺对水是“又恨又爱”，“恨”的是水会使纸张变形、油墨乳化，“爱”的是水可以降温，可以消除静电、除尘。因此，要充分利用其有利的一面，同时又防止其不利的一面发生。人们总结出水墨平衡的最好办法是水小墨黏，印刷环境温度要控制在 25 度以下，湿度 50% 左右。如何把水量控制到最小，关键是控制水在印版上的润湿角。润湿角越大，用水量越多；反之，用水量越少。起初人们通过在水中添加酒精，使水的用量得到大幅度减少。现在专用的润版液都是按照这个思路配制的，但其中的酒精含量越来越少。

3.2 水量控制方法

印刷中如何控制水量是操作人员很难掌握的一项技术。水量大了，容易出现花版或断画、图文发虚等故障；水量小了，则容易出现糊版、脏版等故障。因此，必须尽可能控制水量，使其在满足水墨平衡要求的前提下，用量最小。对于初学者，一般都将水量略微放大一些，宁愿表面花一点或虚一点，也不让表面糊版。

最初打样机上用的水是直接从水棉布上提取的，工作前先将水洒在棉布上，然后当水辊经过其表面时，就将水传到水辊上，最后通过水辊转移到印版表面。如果发现棉布上水量不足，用麻布沾点水挤在上面或者直接喷洒水也可。这种结构显然无法满足调整印刷的需要。后来人们又学会了利用压差方式向水斗里面供水，将有水的箱子放在高位，然后用水管将箱子里面的水引到水槽里面。这种供水方式时不时需要将箱盖拧开（换一下气，增加一下气压），也不适合高速印刷需要。后来人们开始使用水泵供水，彻底解决了水量不稳定问题。

随着彩色印刷对水量要求越来越高，在水泵前面又加装了制冷装置，每次循环后的水再次制冷后才循环送到水斗里面，从而达到了降温的效果。现在印刷机上的供水装置是将水泵和制冷系统合二为一（称为水箱），既减少了占地空间，又节约了相关成本。水箱除了负责向印刷机供水外，还能够根据需要自动调整水和酒精的比例，满足印刷用水的需要。

胶印技术的关键是水的控制技术，若能够将水量控制到位，则印品质量就比较容易保证了。所以从水的控制角度讲，尽量校准水辊的压力，尽可能使用更多的靠版水辊。现在先进的印刷机上都采用达格轮润湿方式，即除了要求一根水辊是完整的靠版水辊，另外一根是与第一根靠版墨辊共用的靠版墨辊。由于印版滚筒逆时针转动（从操作面上看），先接触第一根完整水辊后，再接触第二根水辊（第一根墨辊）。第二根水辊起着对印版表面水的补偿作用，可以保证印版表面上水更加均匀，从而满足高质量产品对印刷的要求。

3.3 网目调印刷

由于墨辊表面均匀、印版表面均匀，因而墨辊和印版表面完全处于平行状态，所以靠版墨辊传到印版上的油墨都是等厚度的（凹印机的墨层厚度不一定相等），因此胶印不可能通过墨层厚度展示颜色和层次，只能通过面积大小来展现印品的颜色和层次。实际上，这种颜色和层次的实现已经与物体本身的层次和颜色不一样了，这种用面积大小，而不用厚度大小来展示物体的颜色和层次的复制技术，叫作网目调复制技术。

为了实现不同面积的等厚墨层，制版时采用了网点技术。最开始人们发明了调幅网点，即印品上所有的网点大小都是相等的，但网点的成数不一样。成数高的，网点内墨色面积大；成数低的，网点内墨色面积小一些。通过调整网点的成数，以及不同网点成数的组合得到我们所需要的颜色。网点可根据需要分为不同的成数，如 10 成网点、20 成网点、100 成网点等。图 3.2 是印刷品黄、品、青、黑四个颜色的网点结构图片。从图中可以看出，网点有大有小，表明印品有层次变化。如果网点面积不变，网点厚度化，那么网点的颜色会有所变化。从中还可以看出，网点的疏密程度是相同的，但是网点面积大小是不一样的。网点面积大的地方，对应印品上的暗调部分；网点面积小的地方，对应印品高光的部分；网点面积接近 50% 左右时，对应印品上的中间调部分。用调幅网点复制印品的最大优点是网点变形相对比较容易控制，但其缺点是网点角度对印品质量有明显影响，会总让人们感觉有一层网格状的东西在干扰视线。除调幅网点外，还有调频网点。调频网点是在网点大小完全相等的情况下，通过单位面积内网点个数的多少来展示印品的颜色和层次。由于没有网点角度问题，视觉感觉效果比较好，特别适合复制中间调。但调幅网点的最大缺点是网点放大率控制比较困难，因而很难保持网点变形的一致性，对操作水平、印刷材料、机器状态要求比较高。相比两种网点的使用效果，一般无特殊要求，调幅网点仍然是首选。除非特殊需要，才可能使用调频网点，如文物图像复制等。

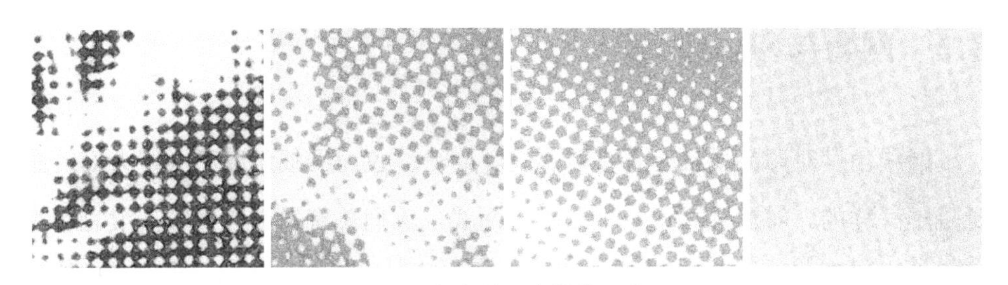

图3.2　不同颜色的网点结构（彩图1）

3.4　网线与印刷质量

印品复制质量除了与网点本身的结构特征有关，还与网点的大小有关。网点越小，复制的质量越高。网点越大，复制的效果越差。通常用单位长度内网点个数的多少衡量印品复制质量的高低，按规定把单位长度内的网点个数称为网线数。一般报纸印刷的网线数为133线/英寸左右，书刊印刷的网线数为150线/英寸左右，彩色印刷品印刷的网线数为175线/英寸左右，高档印刷品印刷的网线数为200线/英寸左右，一些极高档印刷品印刷的网线数为250线/英寸左右，至于300线/英寸以上的印刷品就很少见到了。印刷网线数除了与印品质量要求有关，还与印刷材料有关。如新闻纸质量比较低，只能用低网线数印刷。反之如果是铜版纸，则至少应该选用175线/英寸以上的网线数印刷，目前北方地区使用200线/英寸的产品比较多了。由于网点的增大率近似与网点的周长成正比，因此印品上的某一块色调如果用高网线数印，其周长和就比低网数印的网点周长和要大一些，因而其网点增大率也要大一些。网点的增大越大，其稳定性越难控制。从印刷难易的角度讲，网线数越低，印刷质量越容易控制。

3.5　网角与印刷质量

网线角度对印品质量有着重要影响。同一颜色而网线角度不同，人们的感觉是不一样的。对于竖直或水平排列的网线，人们总有发平、发直，没有精神的感觉，相反人们对45度网线的感觉比较舒服，似乎有精神感。所以从印刷的角度讲，总是把印品中最重要的颜色网线角度放在45度，来突出产品的精神感。比如推销洗发精的广告，总是以人的头发作为宣传重点，而头发中黑色为主色，则印刷时可将黑色网线角度放在45度。同样如果是人物脸面印刷，则可把红色放在45度；如果是风景印刷，则可把蓝色放在45度。至于为什么没有把黄色放在45度，主要原因是人们对黄色最不敏感，如图3.3所示。

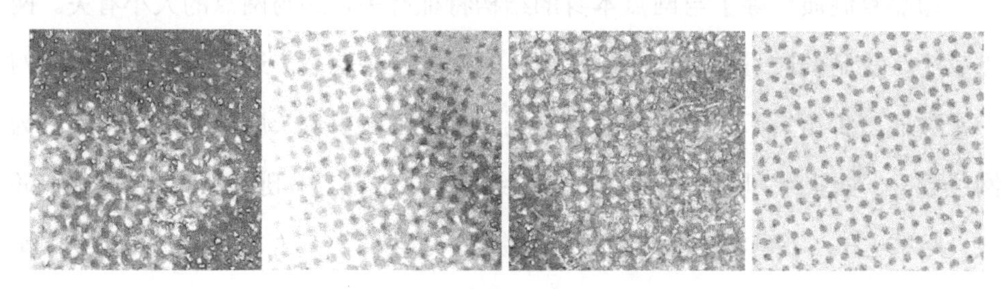

图3.3　不同色调的网线角度（彩图2）

3.6　叠印与印刷质量

根据印刷原理，印刷的四个颜色通过并列或叠加都可能实现色域内所有颜色的印刷复制，如图3.4所示。从印刷的角度讲，颜色的并列或叠加都存在。当纸张有所变形时，会出现并列向叠加转换或者叠加向并列转换。理论上叠加的所有颜色墨都是透明的，但无论从哪个角度讲，油墨完全透明是不可能做到的，只能说尽可能接近。因此叠加顺序的不同，印品质量也会有所差异。为了提升印刷质量，通常要把主色调放在后面印刷，因此就有了两种印刷色序，一种是黑、青、品、黄；另一种是黑、品、青、黄。至于到底选用哪一种印刷色序，与现场的具体情况密切相关。以人物印刷为主，通常都选用第一种印刷色序；以风景印刷为主，则选用第二种印刷色序。若机器存在一些故障，则印刷色序也有可能调整。如果某色组存在重影，那么该色组不适合印文字，则可将其不印文字的色组做一些调整。另外考虑到印刷过程中可能的蹭脏问题，油墨面积大的版面尽可能后印。所以具体选用什么色序，要根据具体情况确定。

图 3.4　彩色印刷品

3.7 中性灰

中性灰是印刷过程中最重要的曲线，如果生产厂家的油墨得不到准确的中性灰曲线（与标准曲线偏离太大也不行），表明该油墨不符合印刷使用要求。从原则上讲，印刷油墨制造厂家应该向用户提供标准的中性灰曲线，如C17M12Y12、C50M40Y40、C73M60Y60都是大家普遍认可的中性灰曲线上的点。不过由于油墨制造厂家都是按标准进行生产的，所以即使与标准的中性灰曲线有所偏离，偏离的范围也应该很小，因此可以说只要是正规厂家生产的油墨，用户都可以放心使用。印刷时要求中性灰曲线可参照上述样张来实现，图 3.5（a）是 C95 与 M95-86 和 Y95-86 组成的复合色块。当各颜色实地密度达到规定要求时，观察这些墨块里面哪一块接近灰色（可以多人现场观测）。图 3.5（b）是一张四色灰的图片，印刷过程中如果发现某一层次出现色彩偏差，则表面该部位中性灰曲线与制版曲线不一致。印刷过程中有时为了突出灰的效果，要用四色灰（发亮），而不用单色灰（发暗）。

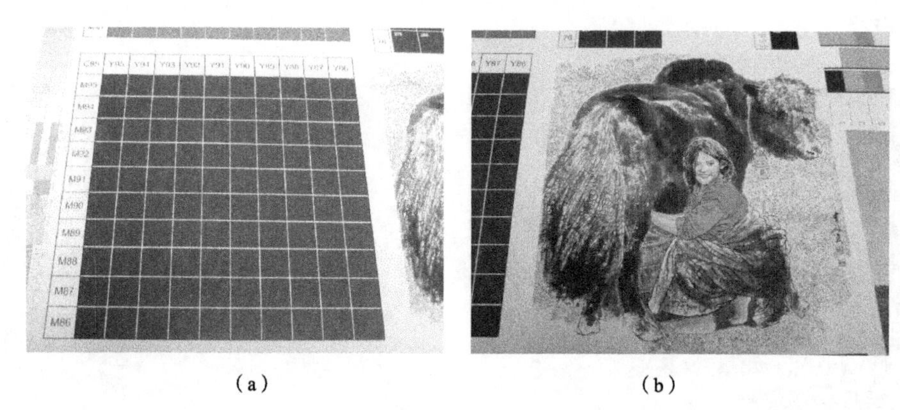

（a）　　　　　　　　　　　　（b）

图 3.5　中性灰印刷品（彩图 3）

3.8　纸张

纸张是印刷最重要的材料之一，纸张的好坏直接影响印刷质量，一般来说，印刷厂所用的纸张至少有几百种甚至上千种，要求每种印刷纸张都能够有良好的印刷适性是很不容易做到的（不变形、不变色、不透印、不掉毛、良好的亲墨性）。根据造纸原理，印刷纸张都有纹路。通常把纸张纹路与滚筒轴线平行的纸张叫作横纹纸，与滚筒轴线垂直的纸叫作纵纹纸。因为纵纹纸容易伸长变形，所以印刷时最好使用横纹纸。在购买纸张的时候，要特别注意纸张标注的尺寸，一般来说标在前面的数字表示横纹边，后面表示纵纹边。如787×1092和1092×787实际上是两种纸，不是一种纸（前者787边是横纹纸，后者1092边是横纹纸）。若印刷设备是对开机，则要选用第一种纸；若是小全张印刷机，则要选用第二种纸。若未按规定要求选用纸张，则会给印刷带来很大困难。之所以提醒用户，就是因为使用时要注意这一点。造纸厂分切纸张时往往一半是横纹纸、一半是纵纹纸（造纸机幅宽原因造成的），如果不特别说明，造纸厂经常是各提供一半给用户，而用户往往只需要一种纸。这就会造成同一批纸中有些纸好印、有些纸不好印。

纸张的质量主要取决于纸浆材料，木浆质量就比草浆质量好得多。除了纸浆质量，还与造纸机的质量、造纸人员的操作技术水平有关，所以纸张的性能差异还是比较大，印刷过程中如果遇到纸张方面的问题应该从多个角度认真分析，最简单的办法就是替代法。替代后，如果问题排除，那就可能是纸张原因造成的故障。否则，如果故障没有明显改变，则需另觅他路。

纸张另一个重要评价指标就是亲墨性。比较普通的纸张如新闻纸、胶版纸、铜版纸亲墨性能都不错，但一些特殊印刷用的纸（如玻璃卡纸等）亲墨性要认真检查。如果纸张表面亲墨性不好，就要对表面进行亲墨性处理，如电晕处理等。至于纸张的底色、白度等指标，使用时注意一下即可，在此不再赘述。

评价纸张的两个最重要指标是纸张表面的平整度和紧度。纸张表面的平整度与抄纸工艺密切相关，造成机器年久失修，精度下降导致纸张表面平整度下降。造纸时左右两侧烘干控制不理想，左右纸张所含水分不一致，也会导致纸张干燥后表面变形。另外，成卷时纸卷左右的紧度、纸卷轴与主机之间的平行度、纸卷轴本身的精度等指标都会在一定程度上或多或少影响纸张表面的平整度（如中间成缕等故障）。纸张表面的紧度决定了纸张在印刷时的拉毛速度，也就是会影响机器的运转速度。纸张表面紧度过低（脱粉）的主要原因是纸浆质量不好（杂质过多）或工作环境恶劣（灰尘），因而成品纸张表面会出现脱粉等严重故障。检测这两个指标最简单的办法就是目测和上机印刷。纸张表面形变可用目测观察到，若变形比较小，则需要通过上机印刷观察纸张表面是否起褶等情况来判断。纸张表面的粉子可通过手感或上机印刷来检查，如果手在纸张表面移动，感觉到有颗粒存在，那就表明纸张脱粉很严重。若手感不明显，则可在印刷时观察，若橡皮布表面发白速度很快，则表明纸张脱粉很严重。出现上述这两种情况，原则上纸张是不能使用的。当然也可通过印刷压力、油墨黏度等调整减轻纸张变形的影响，通过增加除粉装置减轻纸张表面脱粉的影响。如果纸张表面脱粉比较严重，裁切成单张印刷效果会更好，因为这时可人工对纸张表面进行除粉处理，如图 3.6 所示。变形的纸张也可通过裁切成单张处理，将变形比较明显的纸张提前挑出来。

图 3.6　纸张质量与保养方法

一般情况下，遇到纸张问题，要封存所有的纸张，请纸张生产厂家前来检查。如果有不可解决的问题，则可向有关检测部门投诉，通过相关部门来处理。

3.9　油墨

油墨是印刷的另一种重要材料，油墨质量直接决定了色彩还原能力，所以要对印刷油墨质量认真把关。高档印刷品要选用优质油墨，低档印刷品可选用低档油墨。部分印刷厂也通过实践证明，尽可能选用高档油墨，最后综合成本并不高，主要原因是高档油墨呈色能力强，用的量少就能够达到同样的色彩效果。低档油墨要达到同样的效果，必须想办法增加墨层的厚度，实际上是得不偿失。采用高档油墨后，由于墨量少了，润版液也可适当减少，所以从润版液这块也能省一部分成本。

评价油墨质量有多种指标，最容易看得到的一是偏色指标，二是颗粒指标，三是亮度指标，四是饱和度指标，五是黏度指标。如果油墨颜色不正，出现色偏，再怎么校准也不可能达到规定的中性灰要求。因此不同厂家的油墨，一个厂家不同系列的油墨，甚至不同批次的油墨都不宜混用。从库房的管理角度讲，除了平常使用的普通墨可适当存储，其他要求比较高的油墨应按需现调，如图3.7所示。若油墨颗粒过大，则不适合高档印刷品，同时也有碍印品干燥。现在说的纳米油墨首先就是要求颗粒要达到纳米水平。若油墨亮度比较高，则可提高印品的光泽度，适合印高档产品。若油墨的饱和度好，则可用少量油墨就能够达到同样的效果，可以减少油墨供应量。油墨的黏度对油墨的印刷适性有着比较大的影响，黏度越大，匀墨要求越高；反之，黏度越小，用比较少的墨辊就能够达到匀墨要求。

印刷时经常要使用专色墨，专色墨一般分两种：一种是间色墨（两种墨形成的专色），另一种是复合墨（三种以上的墨形成的专色）。最简单的办法就是通过严格的称量，确定配制的比例，然后通过专用的搅拌设备进行混合打匀。所配制的油墨颜色是否达到规定要求，可通过刮墨的方法检查或通过试机方法检查。专色墨要掌握两点：一是要比例正确，二是要均匀混合。在配制专色墨时可能要使用白墨、撤黏剂、撤淡剂等辅助材料，要注意它们的用量对配制结果的影响。对于包装用的专色墨（要求质量比较高），一般要有专人来配置或直接从油墨厂家购买。撤黏剂（俗称6号油）是用来降低油墨黏度用的，撤淡剂（俗称 0 号油）是用来增加油墨黏度用的。比如夏天印刷时，考虑适当添加 0 号油，增加油墨黏度，冬天印刷时，适当添加 6 号油，降低油墨黏度。如果是空调车间，则不需要进行这些调整了。对是否添加这些材料，要根据具体情况而定。从评价印刷员工的操作水平看，中级工应该能够配置间色墨，高级工能够配置复色墨，技师能够配置一些特殊的专色墨，如图 3.7 所示。

（a）间色墨

（b）复色墨

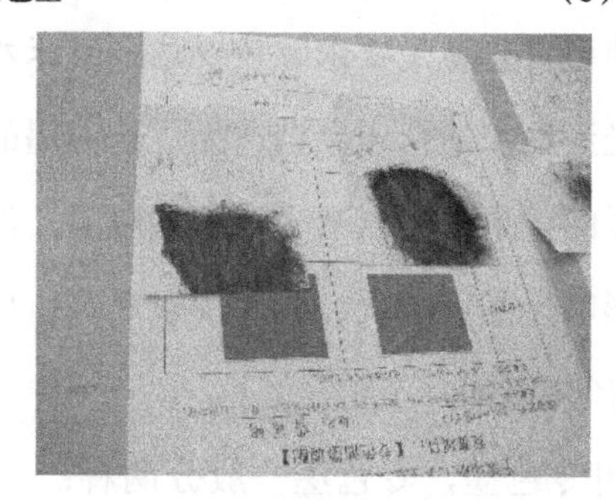

（c）特殊的专色墨

图 3.7　三种不同的印刷专色墨（彩图 4）

3.10　润版液

润版液质量对水墨平衡有着重要影响。润版液的主要评价指标有 pH 值、硬度、电导率、酒精比例等。一般情况下润版液的硬度要控制在 4 左右（硬度越低越有利于在印版表面铺展），电导率要控制在 700 ～ 1500μS/cm，酒精比例在 10% 左右（减小润湿角），如图 3.8 所示。润版液用量大小除了与本身质量有关，还与印品表面的图像分布情况、油墨质量情况、纸张质量情况等多种因素有关。在可能的情况下，应尽可能减少润版液的用量。pH 值是衡量润版液的最重要指标，由于纸张本身略显碱性，所以润版液应略显酸性。因此润版液的 pH 值一般控制在 4 ～ 6。过低的 pH 值，会造成油墨干燥时间加长；过高的 pH 值可能起不到应有的作用。测量 pH 值的大小可用专用的 pH 值试纸，根据试纸的颜色，就可断定 pH 值的大小。中级工能够掌握润版液的 pH 值测量方法，高级工能够掌握调节 pH 值的方法，技师能够判断 pH 值与纸张及材料关系，高级技师能够根据产品需要自制润版液。

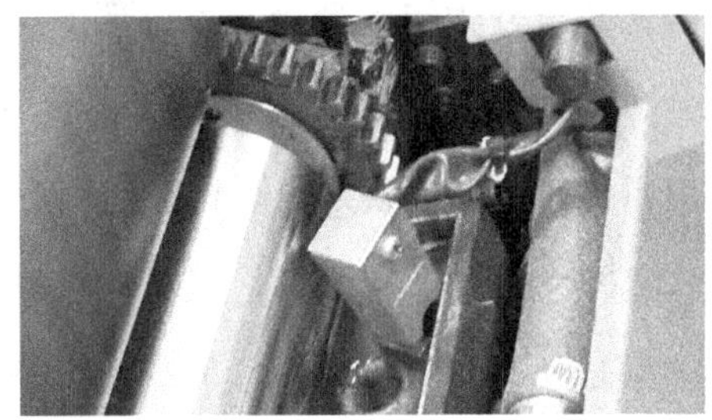

图 3.8　润湿系统

3.11　版材

近三十年来，胶印版材发展很快，由原来的铜锌版到后来的 PS 版，再到今天的 CTP 版。特别是近五年来，CTP 版的发展像潮水一样席卷全国、全世界，新从业的印刷人似乎再也听不到 PS 版这个名字了。最初的 CTP 版以热敏式为主，后来逐渐转变为以 UV 式为主，现在 UVCTP 设备已经成为 CTP 设备的主流产品了，其主要特点是速度快。CTP 版材最大的优点是省去了中间胶片环节，简化了制版过程，提高了制版质量，给印刷操作带来了极大方便，受到了用户的高度认可。CTP 原理是直接利用激光对印版表面进行扫描，在光阀的控制下实现激光的通过与阻隔。CTP 设备大致有两种模式：一种是外鼓式，另一种是内鼓式。内鼓式最大优点是印版装在滚筒的内侧，因而不存在离心力的问题，但是结构复杂，操作不方便。外鼓式是印版装在滚筒的外侧，靠真空吸力将印版固定在滚筒表面，激光器在与滚筒平行的轴上移动对滚筒表面的版材进行曝光。传统的外鼓式的 CTP 采用的激光器通过丝杠左右移动实现的，丝杠的精度直接决定了 CTP 制版质量的高低。近两年来新开发出来的新型 CTP，激光器移动采用了磁悬浮技术，通过固定的磁栅尺或光栅尺锁定激光器的位置，从而进一步提高了激光器的定位精度（彻底消除了丝杠磨损带来的误差）。CTP 设备大致可分为输版部分、定位部分、成像部分、出版部分、显影部分、上胶部分、收版部分，如图 3.9 所示。与印刷设备不同的是，CTP 设备上各种传感器用得比较多，也就是说版材在任何一个位置都是完全可控的。现在的 CTP 版制作基本上实现了自动化，只要能够掌握计算机操作，加上少部分体力技巧，就能够成为一名操作人员。CTP 设备一是要求良好的工作环境，必须安装空调，保持屋内高度清洁，无关人员不得入内。二是要定期对相关部件（如激光头、版夹子、过滤器等）进行保养，确保其能够安全可靠工作。

一般来说，对开印刷设备的版材厚度为 0.3mm，四开版材的厚度为 0.2mm，通常是机器滚筒直径越小，版材厚度越小。版材厚度与滚筒表面的曲率、印刷幅面大小有关，另外，操作时如果需要对印版进行手动歪斜或前后调整，对印版表面产生的拉力比较大，所以机器幅面越大，版材厚度越厚。现在由于技术等多种原因，很少有对开机的印版厚度达到 0.3mm，大部分都在 0.27mm 左右，与通常说明书中给定印版厚度不一致，所以必须对印刷压力进行重新校正。此外，在制版时要对 CTP 设备上的参数认真校准（如激光器的光强等，一般都是厂家出厂前确定的），当机器工作年限比较长时，很多部件会出现老化，校准也是必须的（必须专业人员从事此工作）。显影液要定期补充和更换，保证显影条件稳定，否则可能会出现底灰或网点丢失等故障。制作出的版是否达到要求，通常可通过测试梯尺进行判断，如图 3.10 所示。通过十级梯尺每级的网点百分比，就可判断版材质量如何。如果制作的版不及时使用，还应在印版表面涂布保护胶，存放在阴凉处，确保其表面不被氧化。另外，印版比较薄，搬运过程中很容易变形，所以拿版时要特别小心，防止出现马蹄形等版材故障，造成印版报废。印刷完的版材要做好保护，防止补数或加数时二次使用。

图 3.9　CTP 设备内部结构

图 3.10　印版检查过程

一般 CTP 版材至少可以印到 2 万张以上，当产品数量比较大时，要进行烤版处理。烤版是对印版表面图文部分进行加固处理，以延长印版的使用寿命。一般经过烤版的版材，使用寿命会达到 10 万张以上。因此一般超过 5 万张印刷的产品，建议对印版进行烤版处理。具体是否烤版要根据版材质量、印品质量、现场设备条件等情况确定。

3.12 橡皮布

橡皮布对图像转移起着至关重要的作用，能生产橡皮布的厂家很少，主要原因是对橡皮布质量要求比较高，除了必须的加工精度，还必须有足够的印刷适性要求。一般橡皮布至少有三层以上：橡胶层、气泡层、底基层等（另外还有辅助层），要在 1 ～ 2mm 范围内将这种材料制作在一起，同时要保证严格的均匀性，对制作技术要求非常高。所以长期以来，我国的橡皮布制造业都被国外厂家所占领，现在国内也只有很少几家企业可生产橡皮布，较有名的就是“星光”牌橡皮布。但是大部分高档印刷品使用的都是进口橡皮布（主要是日本和德国的）。柔韧性是橡皮布最重要的一项指标，如果橡皮布失去了柔韧性，就必须报废。另一个指标是可压缩性（弹性），是保证印刷质量用的。通过橡皮布的可压缩性（弹性），尽可能减小图像形变。当橡皮布表面出现微量不可恢复的压缩变形时，可使用苯等溶剂材料使其恢复弹性，不过出现这种情况后，也意味着橡皮布需要更换了。因为橡皮布比较贵，所以可以通过掉头等方式，使出现损伤的部位远离印品的重要部位，如彩色印刷完的橡皮布可以用到黑白印刷上，因为黑白印刷对橡皮布质量的要求比彩色印刷低得多，如图 3.11 所示。

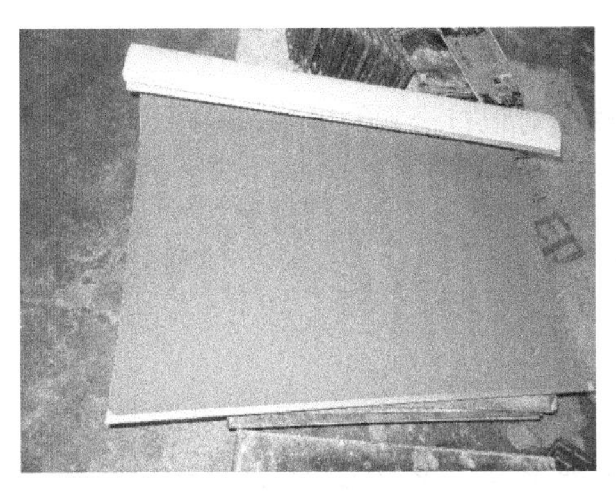

图 3.11　新旧橡皮布

3.13　包衬

包衬通常是垫在橡皮布或印版下面，用来弥补印版、橡皮布及相关滚筒的加工误差用的，同时也可起到缓冲减振等作用。印版下面的包衬一般都比较简单，如可以用两张 100 克 / 平方米左右的纸张作为包衬垫在印版下面。有时为了减少安装纸张的麻烦，也有用户将制版用的片基作为包衬粘在印版滚筒表面。比较复杂的是橡皮滚筒下面的包衬，机器精度不同，包衬的要求也不一样。机器精度比较低时，可采用中性衬垫（胶布、牛皮纸等类似材料）或软性衬垫（尼子等类似材料）。机器精度比较高的时候，可采用硬性衬垫（专用包衬纸或高级铜版纸等）。对于 BB 机，如橡皮对橡皮的结构，一定要采用硬性衬垫。一般对开印刷机的橡皮布及下面包衬总和为 3.25mm，如果橡皮布本身厚度为 1.9mm，则包衬的厚度为 1.35mm，相当于 13 张 100 克 / 平方米的铜版纸。从保护机器的角度讲，包衬越软越好；从印品质量的角度看，包衬越硬越好。所以，通常选用包衬的原则是在满足印品质量的前提下包衬尽可能软一些。因此印一般不重要的产品时，可适当将铜版纸包衬换成质量比较好的胶版纸包衬，甚至换成中性包衬。使用橡皮布时要注意纵纹和横纹对橡皮布松紧的影响，同样使用包衬时也要注意纵纹和横纹对包衬松紧的影响。

3.14 印刷压力

印刷压力是保证油墨转移的必要条件之一。水墨辊之间需要压力，水墨辊与印版之间需要压力，三滚筒之间需要压力。只有这些压力处于合理的范围内，才能保证油墨的正确转移。印刷压力受到相互接触材料硬度、弹性、精度等特性指标的影响，因而不同环境下各自接触面之间的压力都是有所差别的。三滚筒之间的压力，对印品质量起着重要作用，当滚筒的压力增加或油墨控制不当时，会导致印刷网点变形，如图 3.12 所示。

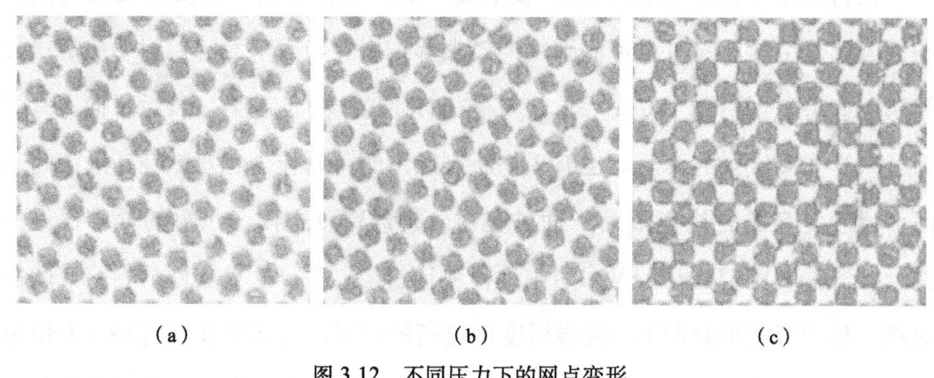

（a）　（b）　（c）

图 3.12　不同压力下的网点变形

在同样条件下，图 3.12（b）网点是接近正常印刷还原的网点。图 3.12（c）是加大墨量后网点的变化，图 3.12（a）是减小压力后网点的变化。可以看出，墨量的变化、压力的变化都会导致印刷品层次和颜色的变化，如图 3.13 所示。

印刷压力直接影响印品的呈色效果。印刷压力越大，印刷后的网点表面越平，光泽度越高；反之，印刷压力不足，则会影响网点表面平整度，从而降低网点的光泽度。机器质量好坏可以用印刷压力作为重要的评价指标。通常是印刷压力越大的机器，其各零部件刚度越好，稳定性越高。相反，印刷压力越小的机器，其各零部件刚度有限，稳定性差。

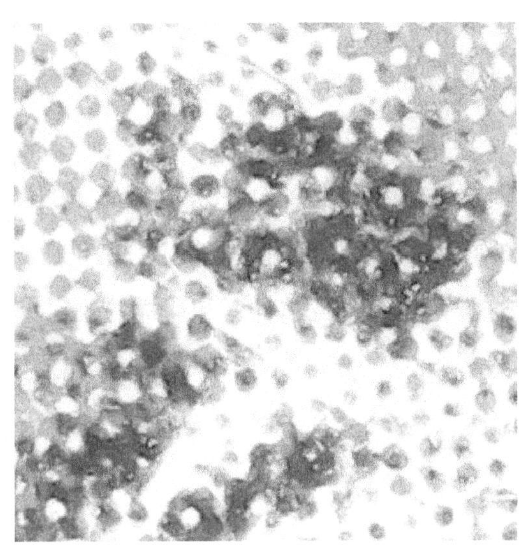

图 3.13　中间调网点印刷品

印刷过程中有时压力的设置值一样，压力大小是有差别的，因为印刷对象不一样，如不同厂家的铜版纸，其表面硬度和平整度是不一样的，因而其表面的压力也是不一样的。现在随着机器加工精度的提高，很多印刷机为了提高产品质量，都开始采用硬性衬，其目的就是提高印刷压力。由此也可以推出，印刷压力越大，对机器精度要求越高；因此二手印刷设备，印刷压力应适当有所下降，也就是说可适当降低包衬的硬度（压力的设置值可一样）。

印刷压力过大，会对机器的运转情况产生比较大的影响，所以必须严格控制印刷压力。在满足要求的前提下，尽可能降低印刷压力。

3.15 光源

不同的光源会对色彩的判断产生不同的影响，所以印刷厂通常对光源要求都比较严格。不过也不要对此过于苛刻，其实光源的范围还是比较宽的，如日本推荐 5000K 色温光源，而德国推荐 6500K 色温光源，这个中间色温差高达 1500K，所以一般正常的光源印刷厂都可使用，除非长期从事高档印刷品印刷需要配置专用的高档光源。有时为了防止光源可能带来的偏色影响，可把印刷出来的产品拿到室外或其他光源下面对比分析，特别是把签样和印品一块拿到同一环境下观察，这样比较容易看出样张和印样的差别。当观察印品表面墨色均匀性时，最好将两个位置的印品取出小样来（手指盖大小即可），放在一起比较（如果观察面积太大，左右印刷部分对颜色的影响非常大，容易造成误判）。

第 4 章

胶印设备安装调试

机械设备安装水平高低直接影响后续机器的工作状态，尤其是高精密的机器对现场安装精度要求更高。所以大型精密机器现场安装工作一般都要由专业工程师来完成。安装过程中涉及的因素非常多，只要有一因素未考虑到，就会对最后安装质量造成比较大的影响，有些后果甚至无法弥补。

4.1 安装位置的选择

印刷机安装位置的选择是非常重要的，机器一旦落地，移动起来非常困难。不仅是重新安装的问题，对于重型机器，还涉及地基和配电等问题。所以在安装之前首先要对安装位置进行仔细分析和研究，其次是要广泛征集一线工作人员的意见，最后征求一下同行的意见。因为印刷机就位后，移动一个印刷机组的成本至少在 2 万元以上，因此在就位前能解决的问题要尽可能提前解决，不留任何后患。

4.1.1 地理位置

北方和南方环境差异比较大，如哈尔滨一年冷的时间占大多数，而广州一年暖的时间占大多数。因此，在北方可以把机器装在车间的阳面，南方就要把机器装在车间的阴面。还有，北方比较干燥，南方比较潮湿，所以北方就需要考虑静电问题，而南方不必过分考虑这个问题。从节省能源的角度看，北方的厂房顶棚多铺有透明的玻璃等材料，以便利用日光代替灯光，如图 4.1 所示。南方厂房采用这种方法时要考虑可能带来的危害，由于南方夏天时间长，且温度比较高，很容易导致屋内温度过高，所以南方最好采用冬天可以打开、夏天可以关闭的活动天窗。风沙比较大的地区，如西北地区等，要注意车间的密闭性，经常刮风的方向要加强防护。

图 4.1　工厂车间的顶棚结构

4.1.2　工艺流程

从印刷生产的流程来看，应保证纸张在生产过程中的流动路线与生产工艺的顺序相一致，这样可最大限度地降低无用物流运动损耗。比如开白料、版房、印刷机三者相对位置应该比较协调，因为它们之间的联系非常紧密。折页、配页、锁线三道工序应比较近，它们均是印刷完后的第一道加工工序。骑订、胶订、精装相对为一组，它们是在完成折配锁后的对应工序，如图 4.2 所示。另外模切、烫金、压纹等工序相对集中在一起，它们主要是对书的封皮等类似产品进行后加工处理，最后打包、贴标签、发货相对为一体。有了这样的基本思路后，另外再考虑半成品的堆放空间，各种设备的安装位置就比较容易确定了。上面只是大致对设备进行了分类，实际上具体到每一工序又有自己的很多特点，需要进一步深思熟虑研究相关布局方案。工艺流程还要与现场实际情况相结合，因此各家企业现场的流程路线都有所差异，不能简单照抄仿制。确定工艺流程时除了上面的基本思路，一定要认真考虑厂房的结构、传统管理的习惯、承接产品的特点等因素。千万不能“一刀切”，特别是对制造厂家和同行的建议要认真分析研究，最终还是要根据自己的实际情况确定可靠的工艺流程。

图 4.2 印后装订车间

4.1.3 厂房空间

厂房在设计时首先要考虑机器使用时的摆放位置和所占用的空间，特别是进出通道要考虑周全，如图 4.3 所示。个别企业建好厂房后，机器无法进入车间。这种错误时常出现，主要是因为没有考虑机器搬运过程中辅助装置所需要的空间。特别是安装在

图 4.3 工厂车间外形结构

高层或地下室的机器，一定要在各层上留出足够宽的机器通道（包括吊装工具可能需要的通道）。对于特别大的机器，可考虑建专用通道墙，早期类似各省市新华印刷厂的厂房都有类似的两用墙。机器进入车间后，再把墙封上（这个墙不能是承重墙）。如果因特殊原因，机器需要搬离车间，再把墙打开。对于多层厂房，既要有货梯，又要有客梯。货梯要能满足 2 吨左右的货物搬运，这样很多小型设备就可通过电梯搬运，大幅度节省搬运成本。大型设备也可以通过楼房两端类似活动墙的结构（如阳台等）采用吊车水平送入。不过要特别注意，高层厂房的阳台一定要有足够的承载能力，往里送设备时一定要送到阳台里面，这样可防止阳台受压力过大而坍塌。重型设备一般不建议安装在 2 楼以上。

机器具体位置的确定除了考虑工艺因素，还需要考虑车间的具体情况。如大功率设备尽可能与变压器位置相对比较近一些，这样可减少工作过程中的能源损耗。如果有多个车间，建议尽可能将变压器装在车间的中间位置。特殊情况做不到的话，尽量按照这个思路布置变压器的位置，如增加变压器的数量、两个车间用一个变压器等。

另外，车间大电流线路的走线也需要认真考虑，负荷大的机器尽量沿大电流线路附近摆放，最好分段采取固定措施。同时，还要考虑走线的安全性，考虑空中走线还是地下走线（空中过桥还是地面过桥等），考虑强电和弱电的分离问题，等等。

4.2 机器地基

1. 排列方式

如图 4.4 和图 4.5 所示，地基和设备有横排和竖排两种排列方式。

竖排的优点是两台机器之间首尾可借用。特别是靠近墙壁一侧可靠近机器的传动面，从而节省大量空间。一般当机器比较少的时候，可以采用这种排列方式，显得宏伟大气，同时也便于半成品存放。特别是当机器长短不一时，这种排列方式不影响车间美观。

当车间空间比较小的时候，横向排列的优点就比较突出了，两台相邻机器之间的空间可以互相利用，从而使机器传动面空间利用率大幅度提高，这比纵向排列有明显优势。缺点是当机器长短差异比较大的时候，这种排列对车间美观影响比较大。

当然也可以采取纵排和横排相结合的模式，当机器比较多的时候，可以从空间和美观相结合的角度确定机器的排列方式。

（a）横排地基

（b）纵排地基

图 4.4　地基排列

（a）横排

（b）纵排

图 4.5　设备排列

2. 地基大小

地基深度取决于多种因素，地基深度决定了地基质量，如图 4.6 所示。在已经打好地面的基础上再重新打地基，从图中可以看出，地基深度在 1 米左右。若地基的土质比较软，则地基应该打得比较深一些。对于对开机器，深度可在 1.2 米以上，特别是对于加填土地基，应该更深一些，可以考虑在 1.5 米左右。除了地基深度，还要考虑地基的宽度和长度。从多年实践经验看，地基宽度应该比机器宽度宽 50 厘米左右，即单侧大于机器 20 ～ 30 厘米。若地基比较深，则宽度应该再大一些，通常单侧不宜超过 50 厘米。地基的纵向长度确定很有学问，一种是以机器整体长度做地基，这样地基成本就比较高。另一种是只给主机部分打地基，这样地基长度就小很多。地基长度确定通常与原地面情况有关，如果对于上述地面，则给纸和收纸都可以不再重新制作地基，直接使用原地面即可。但如果原地面表面层小于 10 厘米，建议重新制作地面。与其这样，倒不如与主机部分一起制作地基了。

图 4.6　地基外形及深度测量

3. 地基制作

地基制作过程一般分四步，一是按图纸挖地基，二是钢网制作及安装，三是浇灌水泥，四是表面整平。

地基制作之前，要认真核对图纸上的相关尺寸，以及所要安装的设备。这是核对地基相关数据的标准，对开地基整体宽度大致在 2m 左右，其他幅面机器地基宽度可相应调整，长度视机器长度而定（要把收纸滚筒部分考虑进去）。地基制作中一项重要工作就是钢网制作，如图 4.7 所示。如果钢网直径比较细，密度就适当大一些。钢网直径比较粗，密度就可以小一些。通常情况下，对于通用的对开印刷机（幅面宽度 920 ～ 1060mm）的地基，一般要求三层钢网（层与层之间 40cm，总高 1.2m），螺纹钢直径 16mm 以上，网格宽 40cm×40cm 至 60cm×60cm。多数厂家都采用两层钢网，如果土质比较差，建议选用三层钢网。

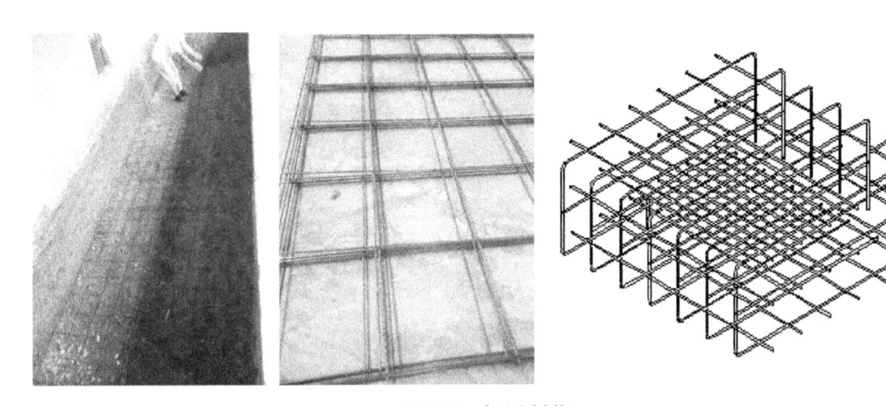

图 4.7　钢网制作

4．地基浇灌

钢网框架准备好后，余下的一项重要工作就是水泥浇灌。一般选用 400 号左右的水泥。地基下面应该夯实，最好放一些碎石子。如果土质确实比较虚，可在地基下面先浇灌 30cm 左右厚度的水泥，然后再打地基。其他幅面的机器可参考这些数据，以及本身所带的说明书上的数据进行调整。

浇灌水泥时要一次打成，中间不能停歇，否则会造成中间水泥连接不好，如图 4.8 所示。地基打好后至少要保持 15 天以上才能使用，南方时间要长一些，北方时间可相应短一些。冬天要长一些，夏天可短一些。温度低的时候，要用棉被将地基盖上，有利于地基固化。

浇灌地基之前最好把地线制作好，可以直接打下3到5根锌板制作的专用钢钎并固定在网框上，最好前、中、后各打一根，并用锌板连接上，钢钎上端要与地面齐平，这样可方便设备各个部位与地线连接。如果厂家没有钢钎，也可在网框上焊上角铁即可，焊缝要结实可靠，确保能够起到地线的作用，为了防止角铁生锈，也可以在表面刷上油漆。地线的制作标准要符合相关规定，即对地电阻一般在1欧姆以下。装好机器后，将地线与机器上面的固定螺丝等部位连接，确保机器上出现异常漏电后，不伤到操作人员。检查地线质量最简单的办法就是用万用表测量电源火线与地线之间的电压，如果电压在200V以上，一般来说地线质量是可以接受的。

图4.8 地基钢筋结构

制作地基时要注意确保地基表面达到规定的水平，图4.9中的水平仪本身带有水平显示，待其自身水平调好后，发射红外光到其他目标。通过各目标红点位置高低，即可判断地基的水平状况。对于漏油的机器，地基上要加上收集废油的储油罐，地基周围要有导油槽（便于废油流进储油罐）。通常储油罐要设计在传动面侧，防止影响操作人员工作。

机器越长、越宽、越重对地基质量要求越高，所以在设计地基时，要充分听取设备厂家的意见（还必须了解地基位置的原始地质状况），同时要请专业人员帮助打地基。特别是现场已有的机器地基可作为重要参考依据。为了保证地基结实可靠，最好在地基上放上机器上调好水平的一个色组 48 小时以上。若在这个时间段内机组水平没有变化，则可认为地基质量基本可靠。

图 4.9　地基水平检查

4.3　机器卸车

印刷机比较重，卸车时要特别注意安全。一般对开印刷机一色组的重量在 6 ～ 8 吨，如果两色组连在一起，通常应该在 15 吨左右，选择吊车时还要考虑集装箱的重量。通常 20 吨左右的吊车是比较保险的，如果一个色组，10 吨左右的吊车也能够满足要求。按照国家标准要求，吊车司机要持证上岗，所以一定要请专业司机操作吊车，如图 4.10 所示。

图 4.10　集装箱拆卸过程

吊车在移动之前一定要确保可靠离开汽车表面，通常与车表面之间要留有10～20cm的间隙。尽可能不要向上提得过高，除非周围环境需要。吊车移动过程要尽量慢，防止机器回摆。有时候要求吊车不动，下面汽车开走，汽车移动过程一定要慢，防止车上有部件与机器相干涉（如有绳索连接等）。当汽车不在吊车下面时，可缓缓将机器放到地上。越接近地面时，机器速度越要慢。机器放到地面上时，一定要确保机器稳定后，才能逐渐松开钢丝绳，这一点要特别注意，否则容易出现安全事故。如果有任何不稳定的可能性，钢丝绳都不能松开。所以在放机器时，要对地面的表面情况仔细检查，确保其有足够的承载能力，地表面要平整。在整个吊车操作过程中，不能有任何非专业人士在吊车周围指挥操作，无关人员要远离吊车可能接触的范围。

4.4 机器搬运

集装箱落地后，要按标准要求打开箱子，同时注意对里面的设备进行检查。外表有无损伤，有无货单目录，与提货单上的物品是否一致。如果不一致，应及时与相关部门进行沟通（要留货物照片，包括现场对方和已方检查人员在内的照片），确保相关问题事先解决（一定要有对方现场人员的签字作为依据）。我国大多数用户都是在产品完全安装完毕后再进行检测验收，中间安装过程由卖家全权负责。如果是这样的话，中间过程用户可不必干预，只把住最后验收一关即可。

核对相关信息完成后，在确认包装箱稳定可靠的情况下，打开设备固定在集装箱上的相关夹具，并放到指定地方。然后将集装箱与地面的过渡铁板放好，将专用铁牛伸入机器托架的下面，可能的话在托架下面再放置几个支撑托滑托，主要是既能起到支撑作用，又能起到滑动作用。

在以上准备工作都完成后，将拖曳钢丝与机器底托连接起来，慢慢盘动钢丝转盘（转盘要可靠固定，固定钢钎打入地下1米以上，最好不用用户的房屋柱子作为固定点。如果因此而造成柱子变形是很危险的），如图4.11所示。待钢丝绳张紧的时候，要对转盘的速度进行严格控制，速度越低越好，同时观察机器运动过程中的相关状况，如有无倾斜迹象，有无干涉和滑伤现象，有无安全问题等。发现任何一个问题都要及时停下，未找到原因并排除之前，不得拉动钢丝绳。对于远距离搬运，要不断变换钢丝绳的固定位置。如果没有钢丝绳，可用滚杠来移动机器，但必须找到足够粗的钢管（如家用水管，塑料管不行）。如发现钢管变弯，就应该换更粗的钢管。搬运过程中要借助撬杠等工具不断校正机器位置，确保行进过程中不偏移。机器搬运风险很大，无关人员不得靠近。

图4.11　设备搬运过程

4.5　机器就位

一般情况下，机器就位时应先画好机器的中线，即机器走纸方向的中间线。画中线的时候要考虑机器摆放方向和机器维修及操作位置与操作空间、半成品存放空间等可能因素。通常先将最重要的机组放到指定位置，然后将其他机组一个接一个摆放，最后把给纸和收纸部分放到机器的两端。

机器放到指定位置后，接着就是把机器的底托卸下来。通常采用的方法是把机器用龙门吊吊起来，然后将下面的底托移走，如图 4.12 所示。如果没有龙门吊，就要用千斤顶先将底托微量抬起，然后将一些垫块垫在机器相关部位（不与底托接触的部位）。待底托移走后，再借助千斤顶将垫块一个一个往下撤，直到最后将机器落地为止。如果机器上没有可接触的地方（被底托全部遮住），则在千斤顶的作用下，将底托一点一点地移开，漏出一部分时，就用垫块接住。重复此动作，直到底托完全离开为止。此操作需要专业人员进行。

图 4.12　整机安装过程

4.6　机器对接

待机器落地后，下一步就是将其连接在一起，这时机组之间还有一定距离。这个过程可借助千斤顶慢慢相互靠拢，直到相距非常近的时候为止。当距离已经达到足够小的时候，可通过连接螺栓将其连接在一起，如图 4.13 所示。为了消除连接误差，连接时要特别注意的是齿轮侧隙和相位必须符合出厂要求。对于有特殊要求的机器，需要将对接齿轮拆下后进行对接，连接好后再重新安装齿轮。当最后连接固定的时候，要对各机组水平进一步校正（水平仪中的气泡位置就是机器的水平状况），要确保机器底面水平、传动侧水平，如图 4.14 所示。依次类推，将所有的色组一个一个连接起来。通常机器水平横向比纵向要求更高一些，一般要求横向水平要在千分之二以下，纵向水平要在千分之八以下。各个机组连接完毕后，还要将电路、气路、油路等相关部件连接起来。一般机器水平是在核心机组水平稳定后，才能进行后续色组的水平调整。判断核心色组稳定性的方法是先将其水平调整好后，再过 24 小时或 48 小时观察水平状况有无变化。如果有变化，还需要重新调整好后检查。如果调整好后，规定时间内水平有变化，则表明地基处于不稳定阶段，建议重新检查地基状况（可能要重新制作地基），待稳定后再进行机器水平调整。

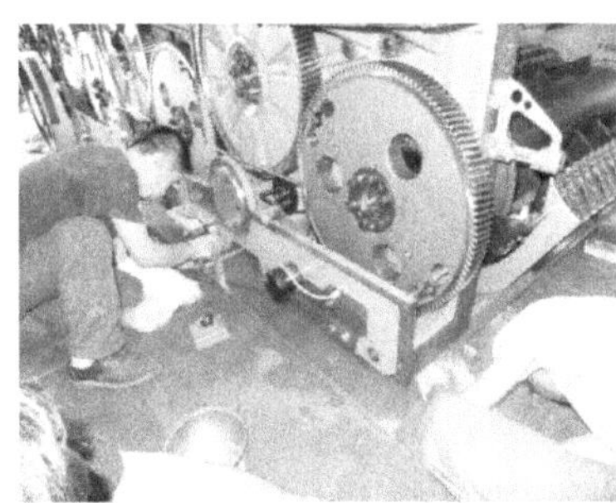

图 4.13　色组对接

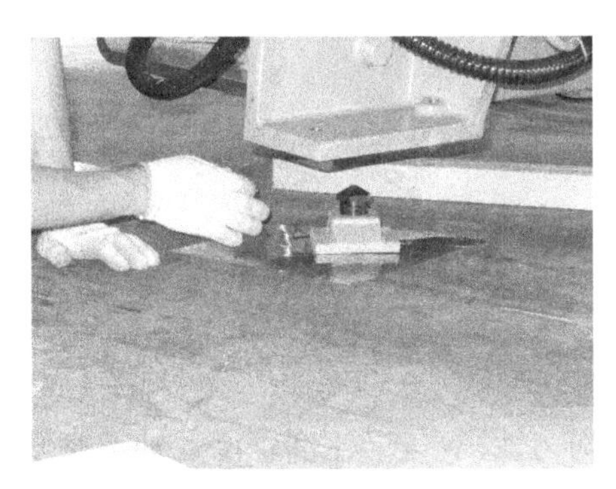
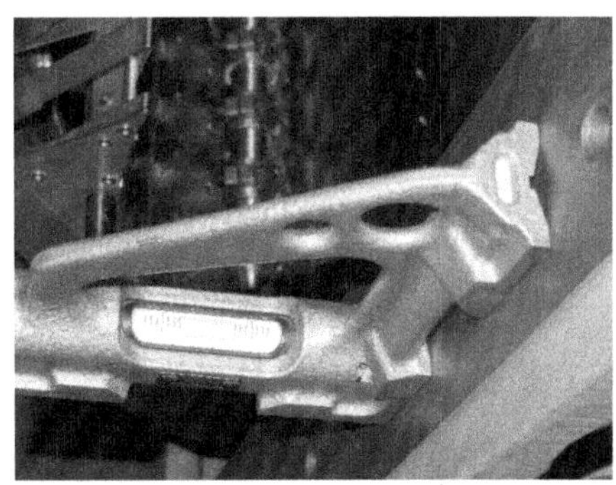

图 4.14　对各机组水平进行校正

为了减少对接的麻烦，多数日本机器采取了两机组共用一个底座，如图4.15所示。一台四色机由四次对接变成两次对接，大幅度减少了对接次数，也容易保证对接精度。它的底盘结构是色组2和色组3共用一个底盘，色组4和收纸部分共用一个底盘，色组1单独使用一个底盘。对于四开系列的机器，也有采用一个底盘，即印刷单元之间不需要重新对接。由于底座比较大，给底座加工带来一定困难，需要大幅面的专用机床。德国机器一直采用单机组连接方式，因此机器时间相对长一些。为什么德国一直采用单机组，主要原因是德国机器比较重，两组在一起吊装就需要比较大的吊车；考虑到搬运问题，可能是德国一直未采用双机组的原因。另外从制造安装角度看，单机组容易标准化，可以任意组合，而双机组组合灵活性就大幅度下降了。日本愿意采用双机组，主要原因是机器相对德国的要轻一些，所需吊车略大一点即可。

（a）单机组

（b）双机组

（c）收纸双机组

图4.15　色组

4.7　部件安装

机组连接后，要安装的部件还有很多，如水墨路、脚踏板、护栏等。水墨路应严格按安装要求进行，边安装边对相互平行轴之间的压力或间隙进行粗调（如用塞片检查机器横向压力或间隙的均匀性），安装水墨辊两端轴承时要使用木锤或手推即可，千万不要用铁锤砸。为了减小安装时的阻力，一是要将轴头清理干净；二是可在轴头上滴一点机油，这样再安装时会很方便（多数情况下，手推即可到位），如图4.16所示。待机器运转起来后，还要对这部分部件之间的压力或间隙进行精调（如打墨线），如图4.17所示。脚踏板和护栏的安装要求不高，不过对它们的安装过程也要高度重视，因为它们直接关系到操作员工的安全，国外一些机器甚至对脚踏板的水平都提出要求。

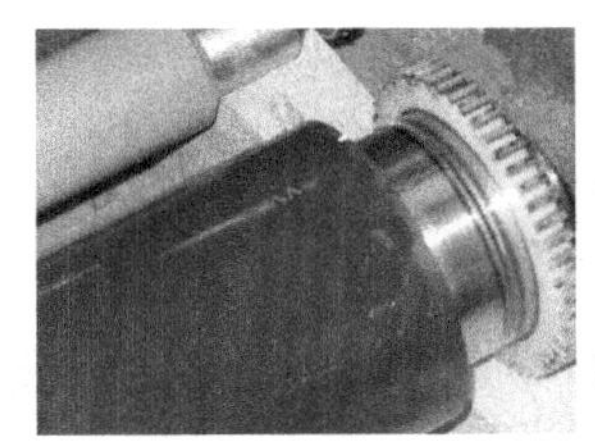  

图4.16 安装轴头

图4.17 靠版墨辊压力检测

4.8 安全检查

机器安装完成后，应对机器进行全面检查，首先确保没有任何工具、零部件遗落在机器里面；其次要对机器各连接部位进行检查，确保没有松动的地方。当这些措施完成后，可人工盘车。通过盘车可进一步确认有无工具、零部件遗落在机器里面、机器上是否有松动的零部件。检查确认盘车没有安全问题后，可接通电源，慢慢点动机器，再进行上述安全检查。

4.9 空运转

安全检查完成后，可先进行低速空运转，然后进行中速运转，最后到高速运转。空运转是对机器进行正式工作之前的一个全面检查（先低速后高速，这个过程是必须要有的）。通常印刷机空运转至少要 72 小时以上。在这个时间内，要对机器上面的各种情况进行检查，如有无漏油、有无异常声音、轴承等有无异常温升、运转过程中是否有明显速度波动存在等现象。

一般来说空运转是机器制造厂内必须要做的一件事。不过由于近些年，机械零件加工精度（主部件精度接近零误差）和热处理工艺水平（稳定性）的提高，装配工艺（使用工装安装零部件，减少了人为的精度损失）及质量检测水平的提高等多方面因素，机器空运转的时间都在逐步缩短，有些机器甚至开始不在厂内试车，到用户后再进行空运转等操作。不过对于复杂的印刷设备，在现有的条件下，要在出厂前对每台进行试车（因为涉及的零部件太多了，除了自身安装的零部件质量需要进行检查，外协的部装件质量也要进行检查，所以试车是必须的，这是由目前整体工业水平决定的），尽可能把一些未考虑到的问题提前解决（因为现在外出调试成本太高，而且现场条件又无法与车间内条件相比）。随着时间和经验的积累，可逐步减少或简化一些试机程序（如抽样试机、优质供应商体系完成建立等），直到完全取消厂内试机为止。

4.10 纸路调整

通常在空运转完成之后，机器就进入了各项性能调整阶段。首先是纸路调整，选择某一种标准幅面的纸张放在给纸台上，将左右的挡纸板调整到位。其次调整飞达位置，保证压脚压住纸张后边缘10mm左右（多数机器上压脚表面都有一条横线，可作为压脚前后位置调整的依据），如图4.18所示。最后转动飞达将纸张送到输纸板上的接纸轮，观察纸张到达接纸轮位置时，接纸轮是否处于抬起的最高状态。纸张过了接纸轮后，接纸轮是否立即下压。如果这个条件满足，则表明纸张在这部分传递过程中，一切正常。如果这个条件未满足，则要调整飞达与接纸辊之间的相位关系。对于机械式传动的飞达动力，可通过万向节上面的长孔螺丝进行调节。对于电动式的飞达，可通过计算机上面的数值设定，来达到调整目的。如果是带有压纸轮的输纸板，把压纸轮的相关位置一并同时调好，特别是最靠近纸张尾部的那排压纸轮一定要调整到位（距纸张尾部不超过5mm），确保纸张可靠到达前规。与压纸轮接近的还有压在纸张尾部的两个毛刷轮（通常一边一个），主要是防止纸张反弹用的（高速时或厚纸时使用得比较多）。如果发现纸张到达前规时间不正确，则应调整输纸机与主机连接离合器的相对位置，如图4.19所示。具体调整方法参见各机器的说明书，此位置一般不许经常调整，调整的基准是以递纸牙与侧规及前规三个不相互干涉为准，由此来确定纸张到达前规的准确时间。再把双张控制器也调整好，机械式双张控制器调整相对复杂一些，要根据纸张厚度仔细调整（一般100克/米^{2}的纸张，两个轮的间隙按三张半的厚度调整即可），超声波相对简单一些，只要能够调整振动信号强度即可。

图 4.18　纸张在输纸部分的传递过程

图 4.19　纸张在规矩部位的定位过程

在纸张过了输纸板到达规矩后，就进入了定位阶段。前规负责纸张的纵向定位，至少保证两点与纸张叼口边接触。一般情况下机器上面都有多个前规，其中只有两个前规起主要定位作用，其他前规起辅助定位作用。前规调整时需特别注意的一是纸张和前规边可靠接触，保证足够高的定位精度。二是前规不得影响纸张的横向移动。三是纸张在前规部位不能形成荷叶边等不规则形状。因此前规与纸张接触的部分必须有足够强的硬度，至少在 HRC60 以上。此外对于有帽的前规，前规帽（硬度也要在 HRC60 以上）不宜过高或过低（通常 100 克纸时，前规帽下面的高度为三张纸厚，其他纸张可参考此数据）。此值高了纸张容易形成荷叶边，此值低了纸张可能横拉无法移动。因此在调节时要特别仔细。对于无帽的前规，普遍都是用压片或压板代替前规帽，如图 4.20 所示。前规除了高低调整，还可前后（纵向）调整，因此，新机器这个数通常要先回零，前后调整可以改变纸张叼口大小，也可以调整纸张歪斜。

前规调整完后，再调整侧规。侧规压板的高度要求与前规帽高度一样，也是按三张纸厚进行校正。侧规的横向拉纸量一般在 0 ～ 12mm。大于 12mm

时，侧规的工作时间会受到比较大的影响。但通常不建议把拉纸量设成零，一般要控制在 5 ～ 8mm。也就是说必须有足够大的拉纸量，保证纸张横向能够撞齐。侧规调整时要特别注意，必须保证第一张纸能够顺利进入侧规，而不必跑到侧规挡板上面，因此在纸张进入侧规位置部位通常要增加导向片或压条。当纸张比较厚或幅面比较大时，要注意更换拉纸弹簧增加拉纸力。侧规拉力调整时要特别注意，不宜过大或过小。过大了，容易在拉纸轮接触的部位产生压痕；过小了，拉纸过程中可能会打滑，拉不动纸，如图 4.21 所示。

图 4.20　前规压纸板的工作状态

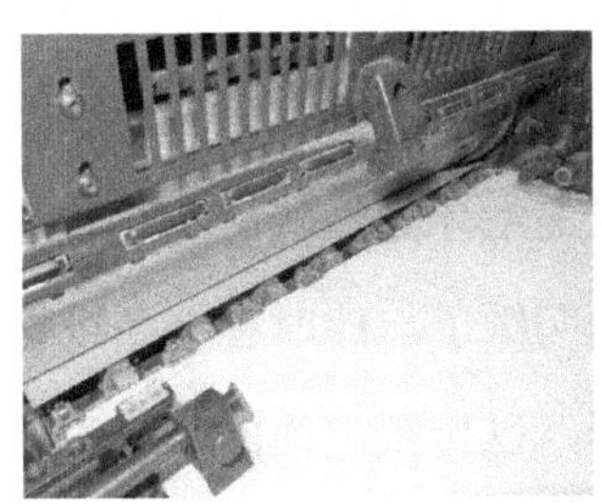
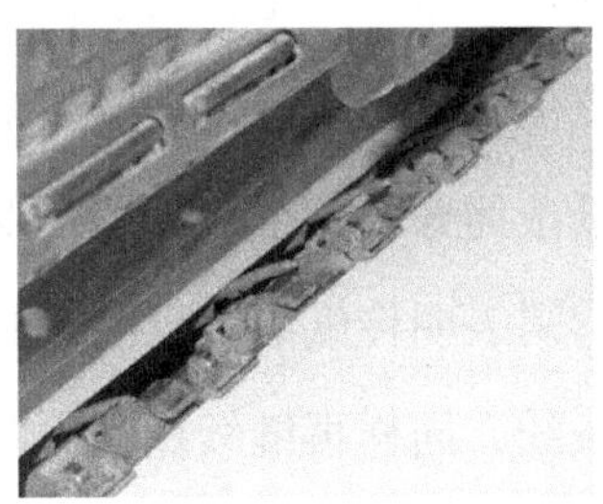

图 4.21　前规、侧规及递纸牙共同持纸过程

前规和侧规调整完毕后，就开始调整递纸牙。在确认递纸牙叼住纸张后，侧规可以抬起，前规可以倒下，从而只有递纸牙自己叼着纸，并可以向前运动。下面是递纸牙在前规部位轴从右到左叼纸的三个阶段，如图 4.22 所示。第一个阶段

是递纸牙在向前规部位回摆，叼牙处于最大张开阶段；第二个阶段是叼牙摆到前规部位，叼牙张口开始减少阶段；第三个阶段是叼牙闭合到一半阶段。下面介绍递纸牙叼住纸张后前规及传纸滚筒与递纸牙配合由左到右的三个阶段。第一个阶段是前规摆开到一半阶段，开始让纸，传纸滚筒还远离递纸牙，处于闭牙状态；第二个阶段前规摆动到最远阶段，完全处于让纸状态，传纸滚筒牙排打开，交向递纸牙一侧移动；第三个阶段前规保持在最远阶段，递纸开始摆动阶段，传纸滚筒持续向递纸牙靠近。后边是递纸牙向传纸滚筒方向传递纸张，当纸张叼口边过了前规后，前规开始回摆。最后递纸牙持续向传纸滚筒摆动，并将纸张交给传纸滚筒，同时前规开始向输纸板方向回摆阶段，为下一张纸定位做准备。

图 4.22 递纸牙叼纸的移动过程

递纸牙和传纸滚筒之间交接时间测量。剪一张纸条，宽度比两个牙子总宽再大一点，也就是说既能保证递纸牙叼上，又能保证传纸滚筒叼牙叼上。然后将这张纸放在前规部位，点动机器，让递纸牙叼住纸并向前运动，直到传纸滚筒开始叼纸。如何判断传纸滚筒开始叼纸，将纸条以递纸牙为轴转动，能转动表示还未叼住；若转不动，则表明传纸滚筒已经开始叼纸了，此时在纸条纸尾输纸板上的对应位置画一条线。同样再继续点动机器，以传纸滚筒的叼牙为转轴，向相反方向转动纸条，直到纸条能转动为止，表明交接过程结束，这时在输纸板上纸条尾部再画一条线。用尺子测量这两条线之间的距离，再除以滚筒周长，即得到递纸牙和传纸滚筒之间的交接时间。

图 4.23（a）和 4.23（b）是压印滚筒带纸向前移动过程，图 4.23（c）和图 4.23（d）是纸张从压印滚筒传给后面传纸滚筒的过程。压印滚筒带着纸张正在进行印刷，同时又在准备与后来的传纸滚筒进行交接的过程。图 4.23（b）是压印滚筒完全叼住纸张，后面小传纸滚筒叼牙处于完全张开阶段。图 4.23（d）是压印滚筒叼着纸向交接位置运动，后边的小传纸滚筒也同时向交接位置移动，且叼牙张口已经开始减小。图 4.23（a）是纸张已经从压印滚筒传给了后面的小传纸滚筒，但还有部分纸张在压印滚筒和橡皮滚筒之间印刷。图 4.23（b）是纸张完全在小传纸滚筒上，压印滚筒已经完全完成了印刷过程。小传纸滚筒把纸张再向后面传递到中传纸滚筒上，如图 4.24 所示，中传纸滚筒一般都是大滚筒，多数都是两倍径或三倍径。为了防止纸张尾部蹭脏，最后围绕着中传纸滚筒两侧伴有成排的托纸轮。要避免纸张蹭脏，防蹭脏轮必须灵活，且左右位置可调。中传纸滚筒把纸张再向后传给后续的小传纸滚筒，小传纸滚筒再向后传给第二组压印滚筒。对于多色机来说，这个传递过程反复不断地进行。

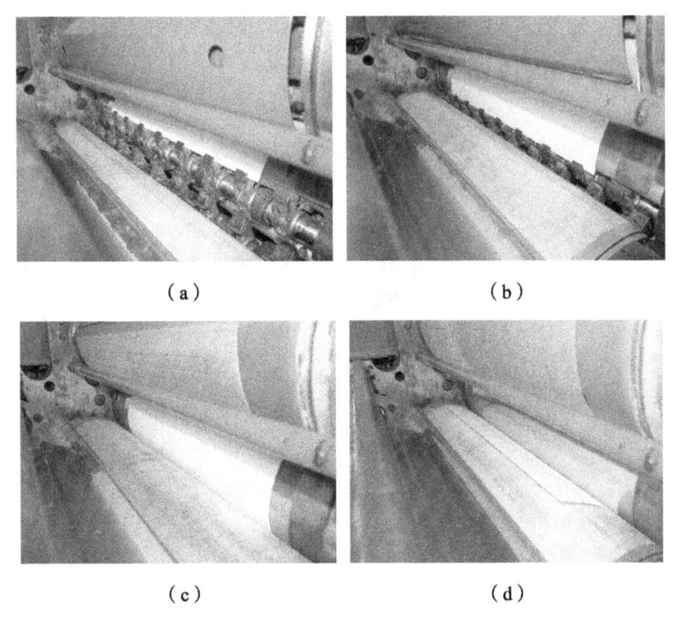

（a）（b）（c）（d）

图 4.23　传纸滚筒叼纸的移动过程

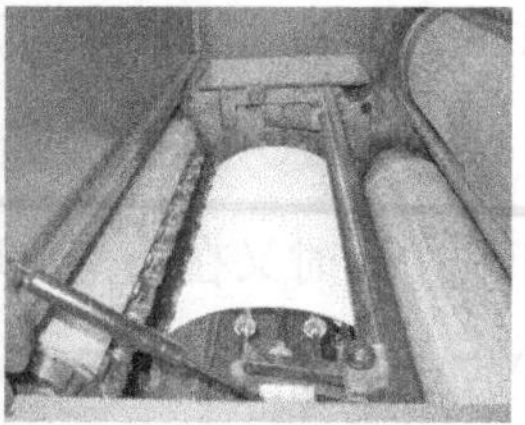

图 4.24　中间传纸滚筒移动过程

纸张离开印刷单元后就进入收纸单元。图 4.25（a）是最后一组压印滚筒带着纸张向收纸牙排一侧移动，同时收纸牙排也正向压印滚筒一侧移动；图 4.25（b）是两排牙排正向交接区域靠近；图 4.25（c）是压印滚筒已将纸张交给收纸链排，纸张已经离开最后一组印刷单元（对于大幅面纸张，纸张叼口边虽已进入收纸链排，但纸张的尾部还有可能处于最后一组印刷单元的橡皮滚筒和压印滚筒之间）。图 4.25（d）是纸张在收纸滚筒上向前移动；图 4.25（e）是收纸滚筒的链排由在收纸滚筒圆周上运动开始转向直线运动（由于收纸链排降速，纸张有可能会形成弯曲，影响收纸的平整度）；图 4.25（f）是收纸链排带动纸张斜向上直线运动。纸张在收纸链排的带动下，向收纸台方向移动，图中所示装置既是防蹭脏用的，又是起纸张定位作用的。

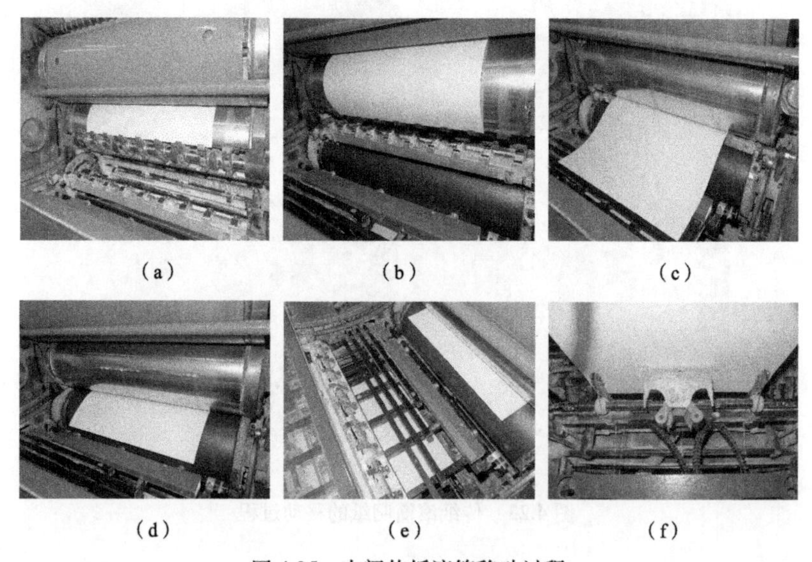

图 4.25　中间传纸滚筒移动过程

纸张经过收纸链排的长距离传送最后到达收纸台。收纸台为了保证纸张稳定整齐，也采取了一系列措施。既有齐纸机构，又有保证纸张落下的机构，如图4.26所示。图4.26（a）是纸张到达收纸台后，纸张还没有离开收纸牙排；图4.26（b）是纸张已经放到收纸牙台上，但侧齐纸机构还未开始齐纸；图4.26（c）是侧齐纸机构已经从远处靠近纸张边缘，从而使纸张横向位置保持稳定。纸张在收纸台真空落下的过程如图4.27所示，它们的作用一是控制纸张放纸时间，二是给纸张施加向下的压力。在这两者的配合下，将纸张收齐在收纸台上。

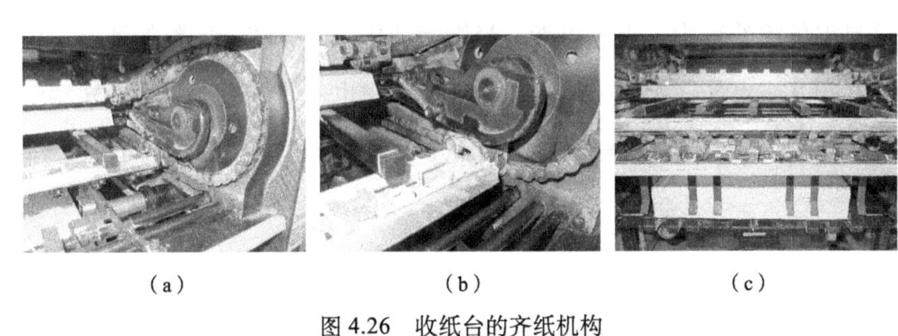

（a）　（b）　（c）

图4.26　收纸台的齐纸机构

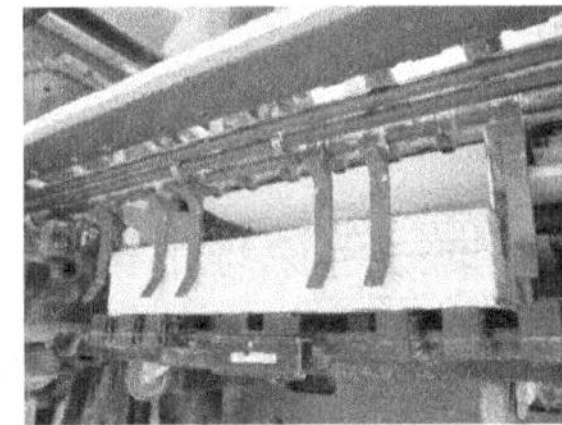

图4.27　收纸台收纸过程

上面这些工作都完成后，可以进行整机走纸等操作，观察纸张到各个位置的情况，主要是时序关系等参数是否满足要求，如纸张从飞达到接纸辊的交接情况，纸张从接纸辊到输纸板上的交接情况，纸张从输纸板到规矩部位的交接情况，纸张从规矩到摆动器（递纸牙）的交接情况，纸张从摆动器到后续滚筒的交接情况，纸张在印刷单元内部的传递情况，纸张从最后压印滚筒到收纸链排的交接情况，收纸链排带着纸张到收纸台的情况，纸张从收纸链排到收纸台上的齐纸情况。如果各个阶段都无问题，就表明机器能够满足标准纸张正常走纸要求。在标准纸张走纸时，通常要求给纸台上的纸张像一个方体一样，在收纸台上纸张也应该成为一个方体，这样才符合要求。

走完标准纸张后，还要再进行薄纸、厚纸，以及小张纸和大张纸试验。通常标准纸张要达到机器的最高速度，其他纸张可根据纸张情况而定，但要能够正常走纸，对速度要求可适当降低。走纸操作主要是对相互对接的相位及相关部件的位置等参数能够进行调整，并达到规定要求。因此这个工作一定要细，且要步步谨慎，一步都不能少。很多厂家在用标准纸张验收机器后，其他纸张就不再验收了，这是很危险的行为。很有可能，当纸张变化后，有部分调整的地方，用户还不知道在哪儿。可能还需要一些相关配件，用户也不清楚。当所有的极端调整都进行过一遍后，很多问题也就都暴露出来了，这样才能对机器有一个整体判断。

4.11 水墨路调整

水墨路调整直接关系到印品水墨平衡情况，即直接关系到印品质量情况。各个厂家的墨路结构有所差异，调整方法也就略有不同，但原理上都是一样的。图 4.28（a）中是海德堡墨斗里面专用的塑料垫片，自从海德堡二十世纪八十年代采用这个技术以后，就一直没有放弃，直到今天这项技术仍然在应用。尽管与其他墨斗操作方法相比，劳动强度比较大，但从多年的实践情况来看，这种结构总体来说还是利大于蔽。其最大优点是避免了墨斗辊表面划伤，而其他结构很难避免这个问题的发生。其最大缺点是塑料片每两周左右就要换一次，而且墨容易流到墨斗调节电机里面，造成电机负载增加。不过这个缺点从另一个角度讲也是一件好事，促使操作人员加强墨斗部分的保养。图 4.28（a）中是塑料片基，在墨斗辊装墨之前，将其放在墨斗辊表面，然后将油墨倒在里面，从图 4.28 中可以看出，墨斗辊表面已经按调节要求上满了油墨。

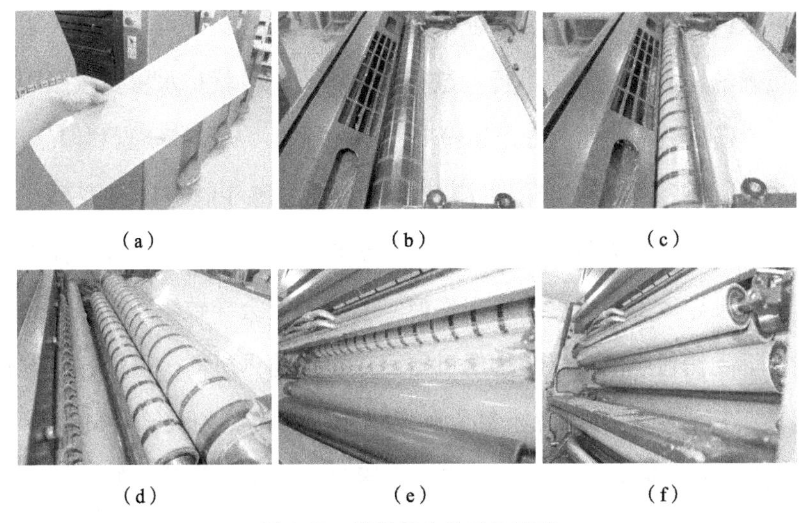

（a）（b）（c）

（d）（e）（f）

图 4.28　供墨部分的工作过程

墨斗辊装满墨后，继续向后续墨辊传递，如图 4.29 所示，墨路上的墨比较厚，越往下越薄，到靠版墨辊上时油墨厚度最小。最后油墨从墨路向印版及橡皮布上传递。图 4.29（b）是油墨正向印版表面传递，图 4.29（c）是油墨已经传递到印版上了，并开始向橡皮布表面传递。

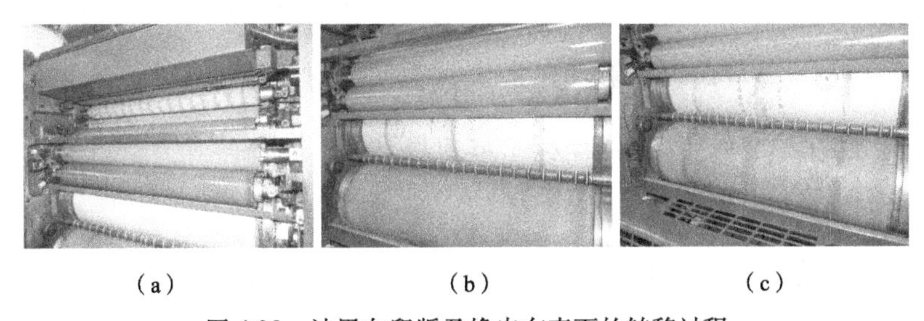

（a）（b）（c）

图 4.29　油墨向印版及橡皮布表面的转移过程

上面讲的是墨路的传递过程，其实在墨路传递的同时，水路的传递也在持续进行中，如图 4.30 所示。水路的传递和墨路非常相近，只不过是路程相对短一些，水的传递过程不容易看得清楚，因为水几乎是完全透明的。

图 4.30　水路工作过程

从以上内容可以看出，要保证水墨路完全畅通且稳定可靠，各墨辊之间必须保证正确的压力，过大了不行，过小了也不行，也就是水墨要按照印品需要正确向下传递。通常的检测方法是一步一步进行的，从墨斗一直到印品。

首先要保证墨斗能够零墨量调节，这对很多墨斗制造厂而言都是一个难题。很多印刷机操作人员为了实现某些位置零墨量供应，强行拧后面的墨量控制螺丝，结果导致墨斗辊表面出现伤痕，有时甚至会导致墨斗辊报废。在这一点上墨斗辊受伤最小的就是海德堡机器。对于海德堡机器，可以通过调整胶片的厚度来实现零墨量的严格控制（当然要建立在墨斗相关部件的高精度加工质量之上）。从保护墨斗辊的角度讲，零墨量不等于零间隙，如果一点墨量没有，那对墨斗辊损伤也是比较大的。所以零墨量的调节就是要控制该区域的墨量接近零，但又不等于零为准。除了墨斗零墨量调整，还有墨斗墨量的分级调整，最小分级墨量越小越好，通常要求最小墨斗与墨斗辊之间的间隙变化量为 2μm，一般墨斗与墨斗辊之间的间隙为 0.2 ～ 0.3mm。最后就是最大墨量调整，最大墨量就是间隙与墨斗转角的乘积。将墨斗与墨斗辊之间的间隙在允许的情况下调整到最大，墨斗辊转速达到最高，在机器速度最高的情况下，看一看墨斗所供应的墨量是否能够满足最大满版实地对墨量的需求。在这一点上要特别提醒用户，一定要在最大速度下进行此操作，如果受条件所限，至少也不能低于最大速度的 85%。

墨斗调整完成后，要保证墨能够顺利往下传递，那就是要调整下面各个墨辊之间的压力。一般要求墨辊之间的压印线宽度为 3mm，通常可用 0.2mm 的塞片来检测两个辊子之间的压力。要保证左中右三点压力基本相等，如图 4.31 所示。在用塞片调整完毕后，再打墨，观察墨线左右宽度是否相等。对于手头上没有塞片的用户，也可以使用 157 ～ 200 克的铜版纸代替塞片进行压力检测。图 4.31（a）是检测墨辊压力的常用方法，在墨路两端放上纸条，即可从图 4.31（b）看出墨痕的宽度，图 4.31（c）是用尺子测量的结果。但要注意的是尺子测量的墨线是加了纸张以后打出的墨线，要考虑纸张的影响，一般要扣除0.5～1mm的偏差。通常墨路压力要逐个检查，因为墨辊使用过程中会磨损，且磨损量左右有可能不完全一致。如果检查过程中发现这类问题，若超出许可的误差范围，则必须更换墨辊。

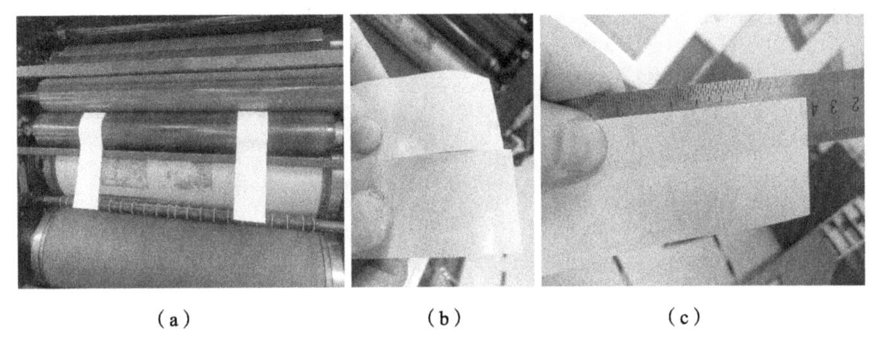

（a）　　（b）　　（c）

图4.31　墨路压力检测过程

墨路部分要求最严格的就是靠版墨辊与串墨辊和印版滚筒之间的压力调节。一般控制在4mm左右，但通过多年的实践经验来看，对于多色机，通常靠近水辊部分的那两根靠版墨辊压力要稍微大一些，随后的两根靠版墨辊压力要稍微小一些，特别是最后一根的压力为前两根的一半左右，如图4.32所示。水辊的根数比较少，压力略微比墨辊要大一些，通常为5mm左右。测量水辊的压力，可以将过桥辊放上，这样水墨路连成一体，水辊上也有油墨，可以直接用打墨线的方法看一看水辊之间的压力。图4.32（b）是四根靠版墨辊和一根靠版水辊同时打墨线的结果。若认为墨线宽度不符合要求，则可重复上述动作，反复检查墨线的宽度。

水墨路的压力调整完毕后，接着就要调整三个滚筒之间的压力，如图4.33所示。通常要求三个滚筒之间墨线宽度为6～7mm。首先校准橡皮布的高度，一般橡皮布的高度应低于肩铁0.05～0.1mm。校正橡皮布高度可使用专用的筒径仪（一般制造厂出厂时都配备此仪器，因为它是一个常用的仪器），根据三点的高度来测量橡皮布的高度（将橡皮布上的两个表的数值调成一致，则肩铁上表的数值就是橡皮布的高度。筒径仪下面放的纸张是保护仪器或橡皮布用的）。通过图 4.33（b）可以看出加纸和不加纸两个位置的压力差。如图 4.33（c）所示，用尺子测量压力大小，加纸和不加纸的压力差至少在 1mm 以上。测完版和橡皮布之间的压力后，再测量橡皮布和压印滚之间的压力，方法同上。从图中也可以看出，增加一张纸，压力至少增加 1mm 以上。

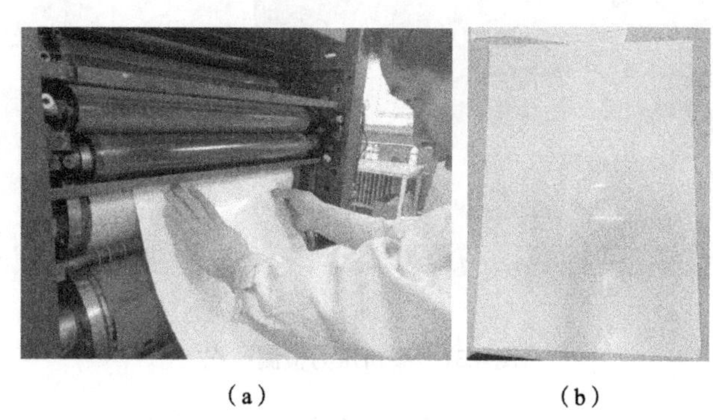

（a）　　　　　（b）

图 4.32　靠版墨辊压力检测过程

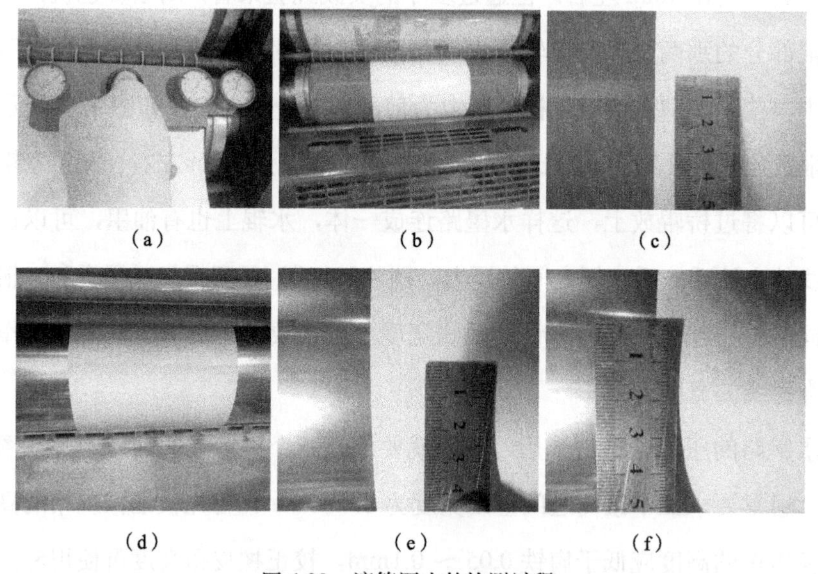

（a）　　　　（b）　　　　（c）

（d）　　　　（e）　　　　（f）

图 4.33　滚筒压力的检测过程

水墨路的稳定性检验。水墨路在工作时希望始终保持压力稳定，这样才能够持续不断地向印版表面供墨。但由于加工精度和使用过程中的维护保养不当，会造成水墨辊在工作过程中有振动存在，从而会引起水墨供应不稳定。因此，还必须对水墨路压力进行稳定性检验，即在机器运转过程中随时抽查检测，如连续进行实地印刷，然后用仪器进行密度测量，观察实地密度的变化情况。根据稳定性要求，要对同一点不同纸张上的密度值反复进行测量比较，然后按统计学规律进行评价。

4.12　印刷打样

印刷打样通常包括以下几项内容：一是实地样，二是平网样，三是综合样，如图 4.34 所示。实地样主要测试印刷机在最薄纸张（通常这一点可能不易满足，具体情况由用户来决定，一般来说用标准纸张克重为 105 ～ 157g/m^2）、最大幅面、最高速度、最大压力下的持续供墨能力、叼牙的承载能力、防蹭脏能力等。实地要平服（表面看起来反光，光泽度好）、均匀（整个版面要均匀一致）。

图 4.34　印刷打样过程

平网样主要用来检查墨杠等墨色均匀性。通常选用 50% 的方形网点作为平网版，可在不同的速度下进行打样，观察样张表面的墨色情况，特别要注意是否有横向细小条纹，如齿轮杠、水墨杠等。

综合样主要用来测试印刷机的各种性能指标，如横向和纵向形变、网点增大率、叠印率等。这些指标不仅与机器本身性能有关，还与纸张性能、橡皮布性能、油墨性能、润版液性能有关，所以打样时要对原材料各项指标详细检查，确保原材料性能符合规定要求。

打样时先要把机器状态调节好，正如前面所述的那样，把机器的压力调节好。在机器状态确认合格的条件下，准备好原辅材料（纸张、油墨、润版液、橡皮布、版材等），然后开机印刷。根据印刷结果，调试相关参数，再次印刷。

输纸套印精度检测，如图 4.35 所示。将印刷完的样张放在一起，观察两侧的十字线是否在同一个水平线上，若都在同一水平线上，则表明纵向输纸精度达到要求；否则就表明纵向输纸精度未达到要求。通常要用纸张叼口边的角线与纸边的距离作为衡量输纸精度的评价数据，按照国家标准输纸精度应小于等于 0.03mm（统计学正态分布的方差值）。除了纵向输纸精度，还要检查横向输纸精度，两个中间的最大值作为最后评价的输纸精度值。为了便于观察输纸精度，通常要将十字线等标记线画长一点，这样在纸的边缘就会形成一个点的痕迹。当成打的纸放在一起时，就会形成一条线，可根据这条线的弯曲情况来判断输纸精度的高低。图 4.35（a）是判断纵向输纸精度，图 4.35（b）是判断横向输纸精度，图 4.35（c）是从侧面看整体的输纸精度。判断输纸精度的线条最好靠近纸张的叼口边或中线附近。图 4.35（d）中的十字线就是在纸张尾部的中间，尽管纸张在尾部会甩角，但对中间的这个十字线影响不大，所以可用其作为一般水平要求不高的产品横向输纸精度测量标识。图 4.35（e）的侧面图标看起来比较宽，主要是因为在十字线图标上又画了一条斜线，这条斜线里面既有水平成分，又有竖直成分，从而可以根据这两个标识判断水平和竖直输纸精度。若水平的点在一条线上，而斜线的点不在一条线上，则表明纵向输纸精度达到要求，而横向输纸精度未达到要求。若两条线都重合，则表明输纸精度都达到规定要求。因为多数人的眼睛分辨距离都在 0.1mm 左右，所以只要肉眼看起来没问题，就表明输纸精度达到了要求。

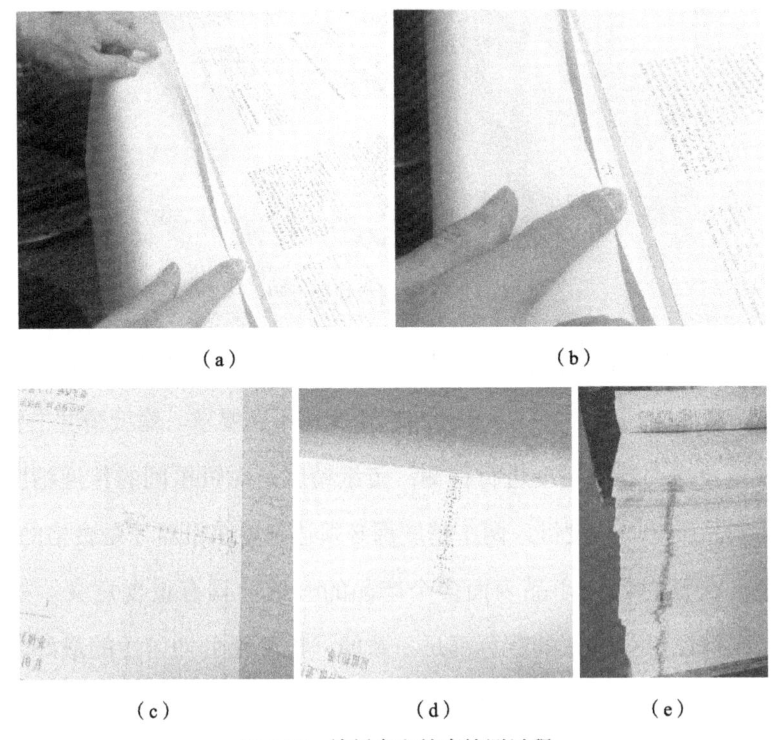

(a) (b) (c) (d) (e)

图 4.35 输纸套印精度检测过程

输纸精度的重要意义是为后续加工所用，只有输纸精度达到要求，后面的加工工序才能正常进行，否则将会造成后续工序效率严重低下，有时甚至无法正常进行生产。所以印刷厂通常所说的跑规指的就是输纸误差大了，因此必须严格控制输纸精度，很多多色机上机都安装了跑规报警系统。

除了输纸精度，还有传纸精度。传纸精度检测也是必须要做的，如果传纸精度达不到要求，则会出现俗话所说的“双眼皮”。出现肉眼可见的“双眼皮”的产品百分之百是废品，如图 4.36 所示。为了保证传纸精度，通常要使用 10 倍左右的放大镜观察十字星标，现代印刷机的传纸精度都要求达到 0.01mm，稍微差一点的机器传纸精度也必须达到 0.03mm。低于这样精度要求的机器只能印一些极低档的产品了，如一些大众宣传页等。

图 4.36　印刷找规矩过程

从套印的角度看，输纸精度达到要求，并不代表传纸精度能够达到要求；同样，输纸精度未达到要求，并不表明传纸精度达不到要求。输纸精度主要是对输纸机、规矩及摆动器的精度进行检测；传纸精度是对机组间的传递精度进行检测。从印刷品质量的角度讲，两个精度都必须达到要求机器才是合格的。

墨色均匀性对保证印品表面多个产品的一致性具有重要意义，如钞票印刷，则必须保证每张钞票的颜色都是一致的。检测墨色均匀性的最好办法就是平网，通常都以 50% 的方形网点的平网作为检测标准，因为方形网点在 50% 敏感度最大，最能够反映出机器的细微差别。理论分析已经证明，版面的墨色不可能完全一致，因此，国家标准规定高档机器的墨色均匀性误差为 8%，老的标准为 12%。

墨色稳定性检测。对多张印品的同一个位置进行密度测量，观察它们的密度值大小。国家标准规定高档机器的墨色稳定性为 0.05。墨色稳定性是对墨路系统稳定性检测的最重要指标，如果墨色稳定性未达到要求比墨色不均匀性影响更大，这时就要求对墨路系统进行更精密调整。

4.13 综合评价

套印精度和墨色稳定性及均匀性都达到要求，并不表明产品质量就达到要求了。还有一个最重要的指标就是机器的网点增大率（标准压力及材料的状态下，版材上的网点经过机器转印以后的网点变化率）。利用机器网点增大率对CTP版曲线进行修正，从而可保证印品复制曲线达到规定要求，如图4.37所示。理论上讲不同的机器网点增大率曲线都是有所差别的，所以每台机器都要进行校正。

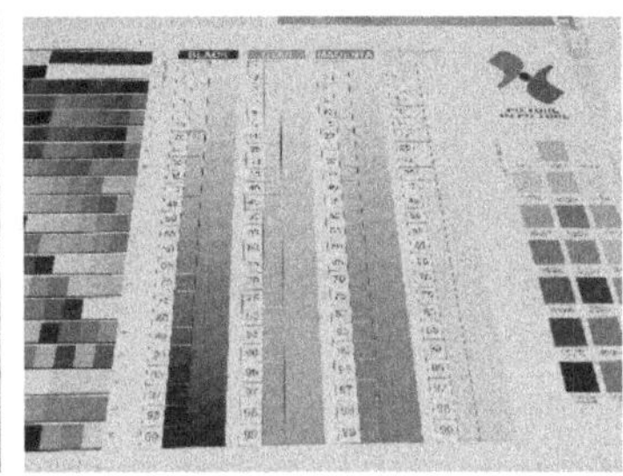

图4.37　网点增大率检测过程

印刷机综合评价指标除了印品质量，还有很多指标需要进行考核。如辅助时间、劳动强度、安全性能、外观形象、噪声等指标。总体来说，一台印刷机的好坏应针对其产品而言，如纸张的适应性，有些机器适合印厚纸、有的适合印薄纸、有的薄厚纸都能兼顾。有的机器只适合印低档产品，有的适合印高档产品。所以评价机器时一定要以需要为前提，满足需要、价格最低、寿命最长、故障率最低的机器就是好机器。因此，国际上很多知名的印刷协会设计了各种各样的印刷设备评价指标，也就是我们通常所说的信号条，如图4.38所示。根据这些信号条可以对机器的很多特征进行评价，为生产厂家对设备质量改进提供试验依据。

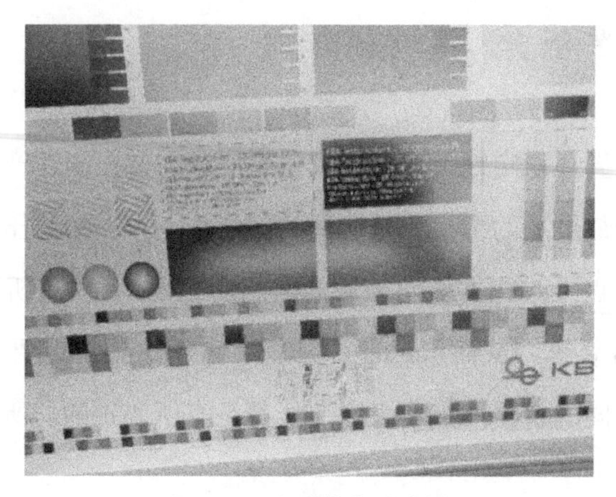

图 4.38　印刷综合测试条

4.14　机器拆卸

机器的拆卸就是机器安装的反过程。拆卸机器前应对机器状态进行确认，如进行一次打样，可以了解机器的状况。严格来说，打样标准应和装机器时一样，但一般都未做到这一点，通常都是看一下套印等几项关键指标，因为用户已对产品本身很熟悉了。如果买的是二手机器，用户通常会在购买之前对机器进行多次考察，所以搬机器之前的打样程序相对就可以大幅度简化。

机器拆卸前还应做的一项工作就是记录拆卸前的相关信息，如多拍一些照片、视频等资料（相片、视频标识不清楚的，还要人工补相应的标识），如图 4.39 所示。同时还要注意机器本身的随机文件、随机工具、随机配件（备份的水墨辊等）等资料应齐全（说明书、备件手册等）。

印刷机拆卸时应像安装之前那样要求，拆成相应模块，如图 4.40 所示。不过多数机器都未按这个要求做，如水墨辊通常都未拆下来。按要求拆下来的机器部件应该装上底托，多数工厂这时已经找不到底托了，所以就靠垫木板、绳索等将机器部件进行固定，鉴于这种情况，运输二手机器时要特别注意机器的稳定性，有些单位就因为忽略了这一点，造成搬运途中机器倾倒。

图 4.39　机器拆解后的色组

图 4.40　印刷机的大修过程

多数印刷机机组间都有专用的垫板（控制机组之间齿轮侧隙用的），通常这些垫板是能互换的，因此哪一组使用哪块垫板都必须记住。

另外，在搬运过程中还容易丢失的一些零件如连接夹头等，这些要特别注意，有些连接夹头是专用的，市场上不容易买到。

4.15　二次安装

安装之前先要对机器各部分进行清点，如机器各部分模块、随机文件、配件、工具等，要和装箱单进行逐一核对，有问题要及时反馈。除此之外，像安装新机器时一样要对安装环境和地基进行检查。

除了上述工作，安装之前还有一项重要工作就是对机器进行维护保养（清洁、润滑、易损件更换、关键部件调节等），如图 4.41 所示。对那些平常比较难以保养的地方，这是一个很好的机会。如版夹子校正、牙排校正、链条更换、滚筒表面清洁、墙板内侧清洁等。这项保养工作要特别仔细，检查零部件表面状况要认真细致（关键部件也可考虑用放大镜进行观察）。一般在机器清洁时，多使用气枪进行清洁。这种工具使用方便，但也要防止形成二次污染，给清洁带来更大的困难。

图 4.41　主件维护过程

机器安装好后，重复前述标准进行打样，对各项指标进行评价。要注意的是现在安装的机器是二手机，其各项指标比新机器要有所下降，这一点在评价时要特别注意。

机器验收完成后，要及时办理交接手续，待客户确认后，方可认为安装结束。

4.16　二手设备拆装注意事项

二手设备交易一般以现结为主，因此判断设备状况非常重要。只要买方确认，付了定金或全款，机器就归买主了。如果买主在拆装过程中发现问题，卖家一般不承担责任。因此，在拆装之前要对机器进行全面检查。

（1）首先要对机器工作状态进行分级：完全正常工作，基本正常工作，勉强能够工作，基本不能工作，根本无法工作。

完全正常工作。印出的产品完全能够达到新机器的规定要求，机器速度接近新机器速度，机器噪声在正常范围内，工具等资料齐全，机器外观成色正常。通常只有五年内的机器，因某种原因使用比较少，才有可能达到这种标准要求。

基本正常工作。部分产品质量基本能够达到要求（如多数机器厚纸容易保证质量，薄纸不容易保证质量），部分产品套印精度及墨色均匀性略有偏差，机器速度低于正常速度2/3以下，噪声略大一些，工具等资料基本齐全，机器外观一般。这个通常可以是使用五年以上的机器，或者说五年内使用频繁，保养又很不好的机器。

勉强能够工作。只能印部分产品，且质量比较低劣，噪声明显偏大，机器外观脏乱差，工具资料缺失严重。这一般是使用十年以上的机器，或者说十年内多次搬运的机器。每一次搬家或多或少都会对机器有所损伤。

基本不能工作。部分零件缺失，机器时转时不转，勉强能动而已。有的功能明显不能使用，彩色机只有部分机组可以正常工作。机器工作时故障率高，印品质量明显不稳定。

根本无法工作。滚筒、关键线路板等严重损坏或缺失，机器无法正常转动。滚筒表面或墙板受到严重损伤，机器无法正常转动；或者轴套等部位严重磨损，机器一走三晃。

对机器状态分级确认后，再结合自己的购买要求，决定下一步所要采取的相关措施。

（2）机器状态检查。

完全正常工作状态检查。参照国家或行业设备检查标准，按机器最大速度的 85% 进行各项指标检查。也就是说除了速度略低一点，其他都应满足要求。

基本正常工作状态检查。按购买要求，对部分指标参照国家或行业标准指标的 75% 进行检查。只要机器速度降下来，大部分产品都能够满足要求，精品除外。

勉强能够工作状态检查。按购买意愿进行检查，对主件表面进行检查，判断是否具有简单的可修复性。机器虽然能够工作，但绝大部分指标达不到要求。

基本不能工作状态检查。按购买意愿进行检查，对主件表面进行检查，判断是否具有大修的可能性。完全恢复到正常工作状态不可能，只能完成一些最低档产品的印刷要求。

根本无法工作状态检查。按购买意愿进行总体评估，判断机器是否值得维修，还是直接按废品处理。是否能做配件，或进行关键组件更换，才能够正常工作。

分级是确定产品价格的依据，所以必须对产品分级进行仔细评估，这样才可以确保物有所值。

（3）购置合同确认。

在确认购买后，要对合同条款进行仔细确认，最大限度保证所购置的设备质量与自己的期望是一致的（按照机器状态分级确认）。通常要先预付定金，拆机器之前要将所有款项到位。因此观察机器状态时要特别细心，千万别“走眼”。

（4）办理移交手续。

一般情况下，只要交了定金或付了全款，机器就已经归买方所有了，尽管机器放在卖方的厂房里。所以快速办理交接手续对二手设备购买是非常重要的。通常在交付定金后，接收人员立即控制机器。卖方人员应与机器立即脱离接触，除非需要卖方帮忙。

（5）顺利交接所要考虑的事项。

通常在交接之前要求机器进行最后一次运转，观察机器状态是否与所要购置的意愿一致。不过为了保证物有所值，通常在这之前还要进行多次观察，判断机器状态是否达到所需要求，防止一次观察漏掉重要事项。当确认购买时，要提前准备好搬运人员及相关工具。当所有准备事项齐备时，命令卖方立即停车，即刻拆装搬运。

拆装搬运过程中应对所有应该注意的事项进行登记，以防搬运过程中出现闪失。

第5章 胶印设备验收

由于胶印工艺相对其他印刷工艺要复杂得多，因而其设备结构也比其他印刷设备要复杂一些。一般单色胶印印刷机有上千个零部件，多色胶印机有上万个零部件，要对这些机器零部件和整机进行客观评定是一项非常艰难的工作。根据以往经验，印刷设备的验收通常都是按双方签订的合同进行。多数合同签订的依据是相关国家标准，或另行确定的双方认可的约定。该约定绝大多数情况下都能够正常执行，也没有引起人们过多的关注。但是当遇到纠纷时，签约双方才会意识到合同的重要性。国家标准通常更侧重技术指标要求，对其他部分虽有说明，但不是很全面或不够细致；合同约定时购买方对可能发生的纠纷预见不够，没有从法律上考虑如何完善合同约定，最后给购买方带来沉重损失。当然有时卖方为了急于出货，也有可能因合同约定不全面导致自己可能面临严重的法律后果。本章主要就这些问题进行分析讨论，供同行参考使用。

5.1 文件资料核对

把文件资料核对放在第一条进行讨论是有特殊意义的。如果一台机器本身的资料与所要求的资料不一致，那后续工作就没有任何意义了。从这一点看，核对资料是非常重要的。有些没有经验的用户往往忽略了这一点，等到机器安装完毕，再提要求为时已晚。

5.1.1 文件清单目录核对

文件清单目录指的是按照合同约定卖方应该提供的资料清单目录。首先看清单目录是不是合同里面的清单目录，清单目录上的内容与合同里面的内容是不是一一对应。如果文件清单目录与合同清单目录不一致，肯定是机器发货时出了问题，要及时与卖方联系解决。现在多数厂家都没做到这一点，也没有意识到这一点，给后续的合同纠纷埋下了伏笔。如果这时候就能够对这些资料进行核对，可将双方的损失都降到最低。当然也不排除有时不提供资料详细清单目录可能是卖方故意所为，买方在审查资料时要特别仔细。现在很多买方都忽略了这一点，往往都以最后结果作为标准，有可能给卖方提供了可乘之机。用户发现清单目录问题后，要及时与销售方联系，并要求卖方签字确认。

5.1.2 文件清单与货物核对

将文件清单与收到的货物一一核对，如机器编号、机器合格证、备件数量、说明书、工具、票据、沿途运输的相关文件（如海关相关文件）等。这里每一项都特别重要，一旦出现问题，后果可能非常严重，导致巨大的损失。

例如，曾有一家制造企业卖出的机器标牌上内容与合同规定的内容不一致，以致最后双方不得不对簿公堂。其中制造企业机器标号为 1040（幅宽，单位 mm），但购买的机器合同约定为 1050，现场检测时机器能满足 1050 的要求。因为这一个小问题，卖方不得不付出可观的诉讼费。

1．机器标牌

编号一般在标牌上，如图 5.1 所示。这是某公司的机器标牌，标牌上通常有机器幅面、出厂时间、编号、厂家等信息，就与人的身份证一样，可以证明机器的基本信息。有些企业因管理不到位，偶尔会出现标牌和机器实质不一样，这就给后续结款带来很大风险。图 5.2 标牌是某机械制造有限公司双面双色胶印机的标牌内容，机器型号为 RYS10202B 大对开双面双色胶印机，最大幅面为 720mm×1040mm，为小全张印刷机；纸张厚度范围为 0.06 ～ 0.2mm；出厂编号为 230808；出厂日期为 2023 年 6 月；厂家名称为某机械制造有限公司；厂家地址为某工业园区；服务电话 12345678。一般标牌上没有联系电话，这个标牌上有联系电话，用户反映问题会非常方便。现在国内一些企业标牌上也增加了联系电话，但外企标牌上还缺少这个信息。联系电话除了维修方便，也能够起到广告作用，一举两得。为了达到这个效果，该公司特别将这个标牌安装在机器收纸部位的面板上，可以说该企业为达到宣传目的，对标牌的位置进行了精心设计。标牌通常都是机器装好后再安装上去，因而也会出现将新的标牌贴到旧的机器上的问题，买方一定要特别注意。

图 5.1　某公司标牌

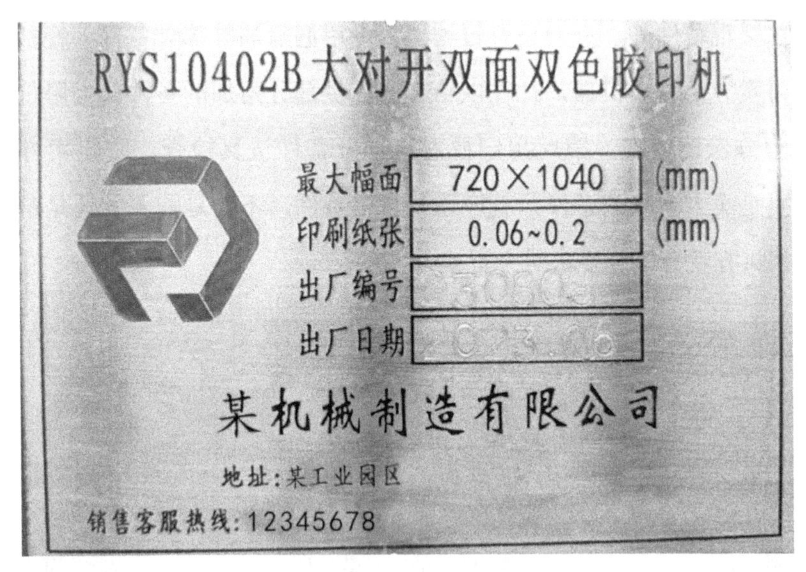

图 5.2　某机械制造有限公司标牌

2. 机器合格证

机器合格证有时也称产品合格证。这是机器出厂时必备的证件，如果没有这个证件，用户可以拒收，同时要求卖方予以赔偿相应损失。按照相关法律，所有产品出厂前都需要经过检验合格，并将合格证随设备一起出厂交到用户手里。事实上很多买方因过于相信企业，往往对这个要求重视不够，等到打官司时才发现自己处于被动状态，有的企业甚至根本就未见过产品合格证。机器合格证上通常应有签发人的签字信息、厂家信息、时间信息等，买方检查合格证时一定要注意这一点。按规定要求对上面几个信息进行仔细核对，缺一不可。核查时要将合格证上面的信息与机器标牌上的信息对比，如果机器没有合格证等相关文件资料，用户可以拒绝接收设备。

3. 备件数量

备件往往是卖方和买方容易产生纠纷的点，特别是有时用户机器利用率不高，在过了保修期后才想起机器备件问题。印刷机上的备件很多，如图 5.3 所示的轴承、触摸屏、墨辊等，是保证印刷机正常连续工作所必须定期更换的备件。除水墨辊备件外，有时还有过滤器、专用润滑油等部分备件。特别要注意的是有时卖方为了卖机器，往往以给客户提供部分附加的备件代替降价，目前这种销售方法比较多。因此用户要对这部分备件认真检查，防止卖方以次充好。只要是卖方拿来的备件，就应该是合格备件，不管是购买的还是赠送的，若不合格买方就有权利要求对方更换。

图 5.3　轴承、触摸屏、墨辊备件

4．工具

一般机器都要随身配备专用工具，如图 5.4 所示。对于印刷机来说，如上版专用扳手、上橡皮布专用扳手等。这些工具往往市场上很难买到，所以在购买机器时要特别注意机器本身都有哪些专用工具，即要在购买的合同里面作必要说明。

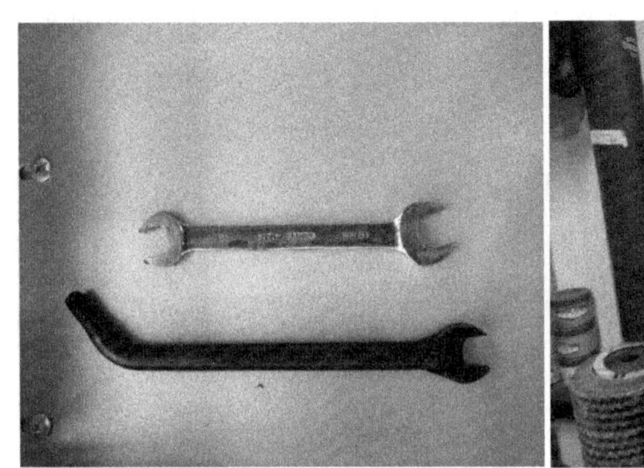

图 5.4　扳手、角磨机等工具

5．说明书

机器说明书对指导机器操作和维护保养非常重要，如图 5.5 所示。但是现在很多用户对这方面重视不够，多数用户甚至都不知道机器说明书存放的位置。机器说明书对机器的操作、维护和注意事项都有详细说明，用户一定要详细阅读这些资料。有些用户因为未按说明书规定操作，最后造成了不应有的损失。用户在拿到说明书后，首先要对说明书进行核对，看看是否与机器编号一致。部分制造企业说明书多年未更换，内容与现有的机器已经差别很大，即便现在的电子文件说明书也存在类似问题。对于说明书上不清楚的内容，要与机器制造厂逐一核对。按消费者相关法律，机器制造企业有义务给用户解读随机所带的全部相关技术资料，这也是制造企业必须承担的培训义务。

6．证件票据

机器出厂时除必须有出厂合格证外，还要有其他重要配套产品的出厂合格证，如配套件的出厂合格证等。一般用户对这方面知识了解不多。但这些资料对机器质量和未来的售后服务又特别重要。比如机器是否通过安全认证，是否有出厂合格证，是否有验收标准，是否有保修责任书等，特别要注意的是这些资料的签发时间，要与机器出厂时间相对应。另外对机器购买的发票等相关票据资料也要与所购置的机器进行比对，发票上的机器型号、发货时间等要与机器上的标牌内容一致。用户要将这些资料保存好，因为很多投标、办理银行贷款时都需要用户提供这些资料。

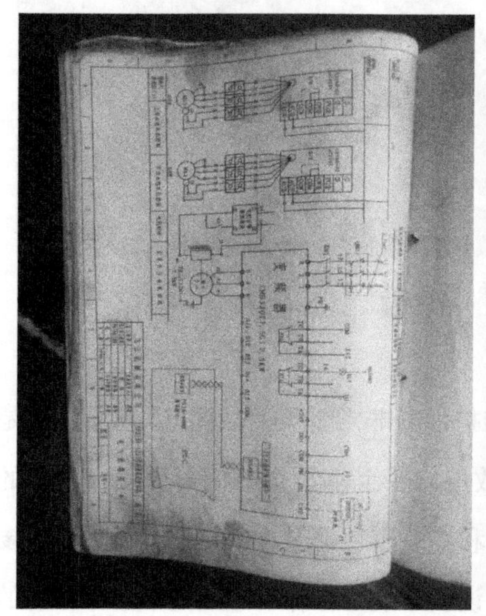
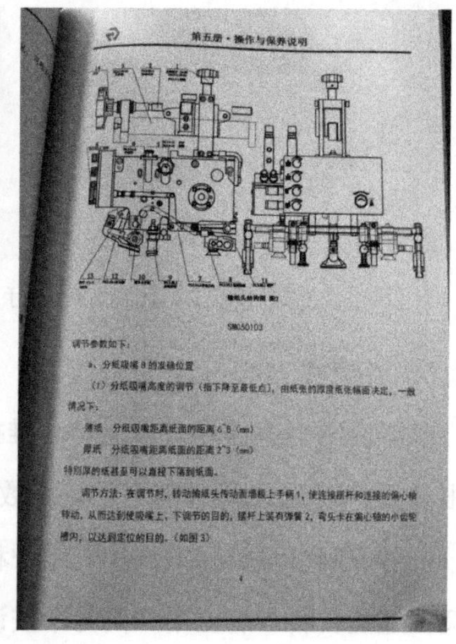
第五册 · 操作与保养说明

SM050103

调节参数如下：

a、分纸吸嘴8的准确位置

（1）分纸吸嘴高度的调节（指下降至最低点），由纸张的厚度纸张幅面决定，一般情况下：

薄纸　分纸吸嘴距离纸面的距离6~8（mm）

厚纸　分纸吸嘴距离纸面的距离2~3（mm）

特别厚的纸甚至可以直接下落到纸面。

调节方法：在调节时，转动输纸头传动面墙板上手柄1，使连接摆杆和连接的偏心轴转动，从而达到使吸嘴上、下调节的目的，摆杆上装有弹簧2，弯头卡在偏心轴的小齿轮槽内，以达到定位的目的。（如图3）

4

图 5.5　机器说明书

7. 其他

机器通关手续、物流过程手续、安装过程手续等资料都要进行核对。之所以要求用户对这些手续进行核实，是因为一旦出现纠纷，这些手续就可能会成为上诉的关键证据之一。一般情况下，多数用户现在都把上述这些证据交给销售方来完成。因为一般大型印刷设备价格至少为600万元人民币，包装行业用的印刷设备价格至少为1000万元人民币。一旦出现纠纷，没有充足证据，很难挽回相关损失。因机器进厂之前不可控的因素过多，用户又无时间和经验处理这些问题，因此多数用户都要求卖方送货上门，并且以机器现场验收合格时间为办理交接手续时间。不管是哪一种方式，相关要求都要在合同中有明确说明。

5.2 机器外观检测

机器外观检测是一项非常重要的工作。事实上，这么多年来，国产机器设备外观质量有了大幅度提升，有些机器外观甚至比进口机器做得更好。因为多数机器护罩加工已经实现了完全自动化，所以过去不敢想象的造型现在都能够轻易加工出来。把一些国产机器和国外机器放在一起，一般非专业人员已经很难再通过外观来判断是国产还是进口设备了。

1. 整机外观检测

整机外观检测最直观的就是机器罩壳检测，如图5.6所示。认真观察机器罩壳表面是否有压痕、修补等缺陷。通过罩壳质量往往能够看出制造厂生产设备的精细程度，如护罩、踏板、拦杆等部件表面是否存在质量问题，安装是否牵动规定要求等。这些部分如安装不到位，机器内部零部件安装可能也存在类似问题。检查机器时首先应绕机器整体转一圈，观察外观是否存在表面缺陷（如表面油漆均匀性）等质量问题。观察要仔细一些，如用手摸一下护罩表面，假如一点油垢都没有，那就表明机器润滑系统密封质量非常好。

2. 输纸部分外观检测

输纸部分外观检测如图5.7所示，主要包括输纸墙板或护罩外观检测、飞达头外观检测、输纸板外观检测等。有些厂家输纸机是外购的，有些厂家只购置飞达头（飞达头几乎都是外购的），其他部分自已来生产。输纸部分主要检查外表面是否有生锈、刮伤的地方，另外有没有运输过程中出现磕碰、挤压的地方。

图 5.6　整机外观检测

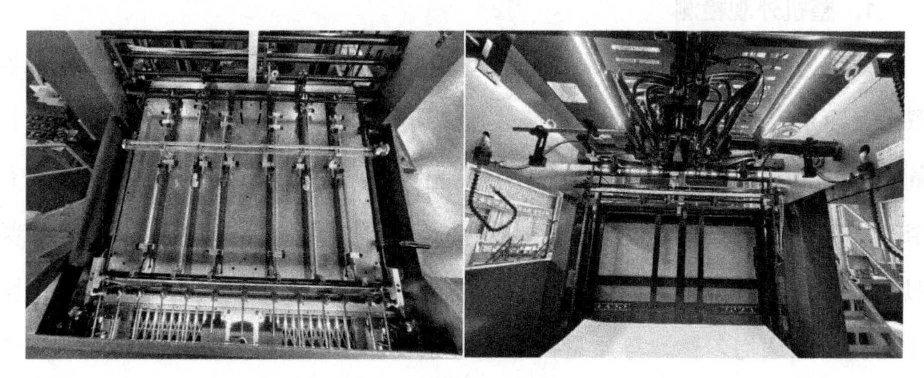

图 5.7　输纸部分外观检测

3. 印刷部分外观检测

印刷部分检测是重点，如图 5.8 所示。滚筒表面是外观检测的重点。滚筒表面检测要从左到右、从上到下按国家或行业标准一点一点地检测，数据记录要尽可能仔细。水墨路里面往复运动的串动辊、计量用的水斗辊或墨斗辊的直线度、跳动和硬度等检测要求也和滚筒表面检测一样，要一丝不苟。

图 5.8　印刷部分外观检测

4．收纸部分外观检测

收纸部分外观检测重点检测的是收纸链排及链排滑道、齐纸机构、喷粉机构等，如图 5.9 所示。检查内容是这些零部件表面是否整洁，是否有棱角，整体看起来是否有异常的地方（如收纸叼牙高低不一致，或安装位置不一致等）。

图 5.9　收纸部分外观检测

有些外观检测可能还要到机器下面才能完成。有的用户只注意机器护罩等表面美观问题，往往容易忽视机器内部的一些外观质量问题。但因为钻到机器下面相对比较困难，而且有时没有经验的人员还看不出什么缺陷，所以到机器下面或内部查看的人员一定要有丰富的实践经验，如图 5.10 所示。

为了防止出现遗漏，外观检测的时候要多人一同或反复进行，往往第一眼感觉不合适的地方可能正是有问题的地方。检查过程中要做好检查记录，必要时留有相片或视频做证明材料，同时要求制造企业相关人员签字。特别要指出的是，有些表面严重受伤的机器，用户可以拒收，并且可以向对方索赔。

图 5.10　机器内部外观检测

5.3　主要技术指标检测

技术指标检测是机器最关键的一个环节，机器质量问题可通过检测得到确认。一般机器指标检测有两种方式：一种是按合同要求进行检测；另一种是按标准进行检测。具体按哪一种方式进行检测取决于合同约定要求。印刷设备主要检测指标可以归纳如下。

5.3.1　安全检测

安全检测是机器检测最重要的一个环节。之所以将其排在第一位是因为以前大家对此重视不够，常常出现很多不可预期的机器事故。

首先要对机器上的安全部位进行检测。在静止状态下，对机器内部进行检测，打开护罩、踏板，观察是否有零部件松动或遗漏在机器里面，尤其是要把机器内卷部位作为重点检查对象，因为一旦内卷部位有遗漏的零部件存在，将带来不可预测的安全问题。

其次是盘车检测。通过手动盘车，观察机器是否有卡阻。如果出现明显卡阻，表明机器内部可能有部分搬运过程中的固定部件未拆除或遗漏在机器内部。在可能的情况下，要正、反多圈转动设备，直到确认机器运转灵活为止。如果机器内部油量不足，要及时加油。

再次是加电检测。通电后，观察机器上面的停锁开关、安全护罩等是否能够真正起到作用。护罩打开后，安全开关报警信息会显示；关上后，报警信息消失。按照目前的安全标准规定，机器上任何移动部件都不得裸露在机器外面。

最后是点动检测。通过点动可以相对长时间转动机器，从而可以观察得更仔细一些。可以通过点动检测纸张在滚筒之间的交接情况。如果在点动状态下，走纸都无法正常进行，那就不要期望正常速度下纸张能够顺利穿行。

5.3.2 空运转检测

如图 5.11 所示，空运转检测是非常重要的。首先让机器处于低速运转，通常这个速度在 3000 转 / 时左右，主要检查油路的畅通性、密封性，机构的灵活性，另外轴承等运动有无异常发热问题存在。检测时间至少应该持续 8 小时，如果允许的话，可以转 24 小时。通过这个时间磨合，可以使运动接触面大幅度增加，从而使机器运转更加稳定。

判断低速空运转是否达到要求，可通过手盘车来检查。如果明显感到轻松，则可以断定第一段低速运转达到了预期效果。如果不用手盘车，也可以通过电箱上电流表的显示值来判断机器空运转效果。

图 5.11　空运转检测

对机器运转部件上的螺丝和螺母都要仔细检查，观察是否有松动的存在。如果有松动的零部件，要及时锁紧或固定。

低速空运转结束后，可以升到中速运转。按照现在印刷设备的状况，中等速度应该在 8000 ～ 10000 转 / 时，主要是模拟机器正常工作速度。进一步检查油路工作状况和机构运转情况。观察滚筒等的轴承是否存在过热问题。检测时间通常也要在 8 小时以上，最好也是 24 小时。

中速运转后，可以短时间高速运转。通常要持续 4 小时以上。这段时间主要检查机器内部是否有异常噪声，轴承温度是否超标等。按照国家标准要求，一般机器噪声不应高于 85 分贝，轴承温升不应高于 35ºC。同样空运转的检测效果也可以通过电箱里面电流表的数值来判断。

早期印刷设备空运转时间一般不少于 72 小时，有些设备甚至要空转一个星期以上。随着零件加工精度逐步提高，空运转时间一般不多于 24 小时。如果允许的话，机器空运转时间尽可能长一些。一般新机器不建议高速运转时间过长。

为了防止空运转时出现异常状况，机器周边时刻要保持有人员在场。只要机器转动，周边就不允许空岗。

如果主要部件空运转时出现异常状况，如更换滚筒或滚筒轴承等重要零部件等，则需要按上述要求重新进行空运转。如果只更换一般零部件，则可根据以往调试经验判断重复空运转时间。

5.3.3 负载检测

1. 走纸检测

对于印刷机来说，走纸检测是检测印刷机质量高低极其重要的一个环节，一般用户对此重视不够。根据合同或相关标准规定，用户应对所允许的纸张进行全面检测。但因为检测时需要比较多的纸张，所以很多用户就省略了这个步骤。很可能因用户一时疏忽，给后期使用带来比较大的困难。为了减少用纸，用户可用极端情况进行走纸测试，如用大而薄的纸张进行检查，就容易查出机器内部很多细小的问题。无数实践证明，这个手段非常有效，建议所有印刷设备用户都应按此方法进行印刷机走纸性能检测。输纸部分走纸情况检测如图 5.12 所示，规矩、印刷及输纸部分走纸情况检测如图 5.13 所示。

图 5.12　输纸部分走纸情况检测

图 5.13　规矩、印刷及收纸部分走纸情况检测

对于新购置的机器，建议以最高速度 2/3 的速度进行走纸检测，观察走纸效果。注意是否有折角、起皱、破口、掉纸等故障，另外还要观察前规、侧规、递纸机构等关键部件的工作状况。这个工作要特别仔细，必要时可通过放大镜来观察纸张叼口边叼牙叼纸情况。

同时还要观察收纸台收纸状况。收纸台收纸整齐是评价收纸机器质量好坏的一个重要评价指标。对于多数印刷机来说，要做到这一点非常困难。一般来说，制造企业对收纸部分重视程度低于输纸机和印刷单元的重视程度。事实上机器速度开不上去，与收纸部分质量高低有着重要关系。

检测走纸情况是否符合要求，第一个评价指标就是连续走纸时间，也就是在规定速度下的连续走纸不失误的时间。如果能够保证一整台纸连续走完，那就表明走纸部分基本上满足要求。第二个指标就是规定速度下的输纸稳定性，也就是输纸定位精度。如果能够保证连续走纸纸张准确度在 0.1mm 以内，则可将其视为合格。第三个指标就是纸张表面整体有无皱纹、弯角、破口等输纸故障。第四个指标就是不同幅面的纸张、不同类型的纸张的适应性问题。如果对于任何纸张，这四个指标都能够满足要求，则表明走纸基本上能够达到规定要求。

2．水墨路检测

首先观察水墨辊是否有异常工作状况，如振动、晃动等。其次在确认没有这些问题后，再上水上墨，观察水墨辊压力。可在机器运转过程中突然停车，以观察墨辊之间的压线均匀性。

3．印刷检测

机器质量的好坏最终都要体现在印刷上。印刷分为两个方面，一是套印精度检测，二是墨色均匀性和稳定性检测。

套印精度检测又分为输纸精度检测和传纸精度检测，如图5.14所示。输纸精度一般要求小于0.1mm，现行标准通常用统计方法表示，即用精密度评价指标。国家标准GB/T 3264—2013中规定输纸精密度指标为0.03，同样传纸精度也用精密度来表示，国家标准GB/T 3264—2013中规定传纸精密度指标为0.015。

图5.14　套印精度检测

套印精度检测就是在纸张叼口边印上前规和侧规标识，重复进行印刷。对两次印刷结果，用带刻度的放大镜检测，并计算套印误差。检测结果即可用来判断套印精度是否达到规定要求。

一般情况下，套印精度现在都采用同速检测和异速检测，也有采用变速检测的，这种方法现在用得比较少，因为多数机器在工作时，速度一般都是稳定不变的。

传纸精度检测可不用两次印刷。一次印刷即可判断传纸精度是否合格。通过观察纸张表面各颜色色标之间的误差，就可评价传纸精度高低。

影响传纸精度的因素比较多。要想达到预期效果，就像走纸一样，要用又薄又大的纸张进行检查效果最明显。

除套印精度检测外，通常还要进行平网和实地检测。平网主要用来观察印品表面是否有墨杠等严重印刷质量问题。对于一般质量的机器，很难根除墨杠故障。不过，现在高档印刷机在这方面做得还是很不错，墨杠一般都非常轻，甚至可以忽略不计。实地检测主要是观察墨路的上墨量，当遇到大幅面印刷品时，墨路要保证有足够的墨量供应。

4．印刷压力检测

印刷压力是评价印刷机的一项重要指标，如图 5.15 所示。从印刷的角度看，印刷质量要稳定、均匀。所以通常要用批量稳定性来评价印刷压力的稳定性。一般印刷机要求至少连续印刷 200 张纸以上，观察印刷各方面指标是否达到规定要求。

图 5.15　印刷压力检测情况

之所以对印刷压力有比较高的要求，是因为印刷压力直接关系到印刷网点的复制质量。特别是当机器速度越来越高时，印刷压力就显得特别重要。因为机器速度提高，接触面接触的时间相对越来越短，因而印刷压力如果小了，则无法满足网点复制要求。

5. 网点增大率问题

网点增大率代表了胶印设备再现印品质量的能力。按照目前通用标准，铜版纸50%网点增大率一般不宜超过20%，胶版纸50%网点增大率一般不宜超过25%。对于一般质量不高的设备，要把网点增大率控制在这个范围内还是有一定难度的。因为网点增大率涉及衬垫硬度问题，滚筒的加工及安装的精度问题等。所以在验收机器的时候，应对版面上各个位置的网点增大率进行详细检测。

5.4 检测结论分析

检测结论就是要给出一个明确的检测结果。对于胶印设备来说，因为价格昂贵，所以给出结论要特别慎重，要保证做结论的过程和结果都依法依规。

5.4.1 检测程序要合法

检测之前，首先对检测程序进行严格审查。审查的标准就是本机器的有效相关合同和现行的国家或行业标准（或合同中规定的相关标准，合同中规定的标准时间有可能和最新标准的时间不一致）。这些资料一定要齐全、缺一不可，而且要和当事方或委托方进行确认。在未得到当事方或委托方确认之前，不能进行检测。

检测过程要严格按检测标准执行。一般印刷设备检测标准对检测环境的温度和湿度都有明确约定，如图 5.16 所示。早期标准规定温度范围为（22±2）℃，湿度为 40% ～ 60%。由于这种规定对操作性要求过高，现行标准对温度范围重新做了规定为（22±5）℃。之所以对检测环境提出比较高的要求，是因为印刷纸张对温湿度比较敏感，环境温湿度会对检测结果产生比较大的影响。具体表现是超出规定范围后，故障率明显提高，机器速度上不去，印品质量严重下降。本书所提到的数据只供参考用，具体数据参考现场所使用的标准。环境不能有外来的风、灰尘及杂质等，同时一般不应有其他不相关的大型设备在工作（大电量、高噪声的设备）。

图 5.16　环境温湿度检测情况

检测量具及仪器要按规定进行校准，如图 5.17 所示。检测人员所使用的量具及仪器在使用前后都要经过验证，而且要定期送到有资质的计量中心进行校正。检测人员所使用的每一件量具都要有一个编号，可供追溯。如果临时从市场上买一件量具或从用户处临时借一套量具进行检测，检测结果是不合法的，只能供作参考。印刷设备检测常用到的量具和仪器有游标卡尺或千分尺、卷尺、百分表或千分表、密度计、电三项检测仪等。

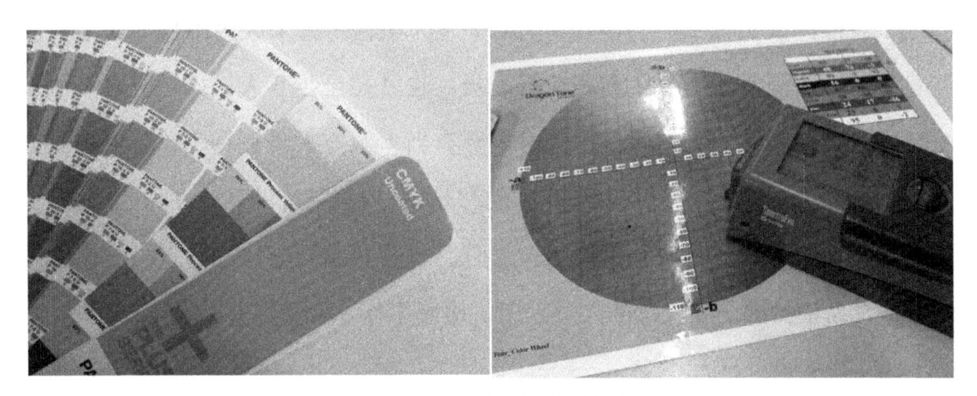

图 5.17　印刷色彩检测情况

检测人员现场检测的依据就是相关标准。如果采用的方法不符合标准要求，即使检测结果可能是正确的，这样的检测结果也不合法。假如，在现场因某种原因无法按标准进行检测（不同厂家设计的机器可能有些差异，制定标准时可能考虑不周全），需要与当事方或委托方进行沟通，将该项列为不检项。

检测报告只能给出标准中约定项目的检测结果，与标准无关的检测结果即使给出了也是无效结果。也就是说机器检测合格了，只代表规定的检测项目合格了，并不代表机器整体合格，这一点当事方要特别注意。比如血压合格的人不一定就能成为飞行员，因为飞行员还有视力、身高、五脏六腑等严格体质要求。

5.4.2　检测人员资质和数量的合法性

检测人员通常要受过专业培训，特别是印刷设备检测对检测人员素质要求非常高，未受过专业培训的人员不得从事也无法从事检测活动。如果委托方或当事方对此有异议，可向检测单位提出资格审查要求。在得到检测单位确认后，方可允许相关人员进行检测，这是确保检测结果公正性的关键。

一般检测人员人数不得少于 2 人，1 人为主检，另 1 人为副检。对于大型关键设备，还需要派出一名现场监督人员，也就是至少 3 人。如果是对有争议的设备进行现场检测，检测现场同时还要有当事双方人员在场，并且要求双方人员要在必须的相关资料上签字。这主要是确保检测结果的客观性和公正性。

如果检测人员因某种原因如生病或有急事需要离开等，检测过程应该立即终止，直到检测部门新安排的人员到岗，检测工作才能重新开始。

5.4.3 检测结果的合法性

检测过程记录，检测结果样张等资料均需要双方签字认可。所有样张要逐张签字，缺一不可。未有签字的样张不具备法律效力。检测过程中在现场条件允许的情况下，当事双方可以拍照或录视频作为以后必要时的相关证据。

检测报告上的内容要与标准规定或检测合同中约定的项目相一致，超出范围内的检测项目或检测结果均无效。

检测报告上要有检测人员、审核人员及批准人员签字方可生效。有些报告还需要认证单位的签章才能生效。这一点当事方要特别注意。

一般检测报告上都要有特别声明，即检测结果只对本台设备在规定的时间内具有有效性。

5.4.4 争议解决

如果当事方或委托方对检测结果有异议，可现场与检测人员进行交流。检测人员在得到检测部门或委托部门授权的情况下可以给予解释。如果当事方对检测结果仍然不满意，可向检测单位质询。

如果当事方对检测部门的回答仍然不满意，可通过法律途径解决纠纷。

5.4.5 检测档案管理

正规检测部门都有严格的档案管理制度。在资料有效保证期内，相关单位可按相关程序对资料进行审查、检查或核查。这一措施主要是为了保证检测过程的可追溯性。

检测部门或其他部门在授权的情况下可对检测结果进行分析，了解被检测机器的相关资料、相关制造厂家的技术水平，相关行业的整体技术水平，这些结果可供行业或政府相关部门决策时参考使用。

5.4.6 检测结果总结分析

要保证检测结果的合法性，检测过程的各个阶段都要符合法律及相关规定要求。印刷设备检测内容要求比较复杂（如印刷品各项指标），检测部门在下结论时，要对相关数据进行充分研讨分析，严格按标准进行对标，保证每一个项目的结论都具有可信性、可追溯性。为了保证检测结果的正确性，检测报告上除了要有至少两名检测人员的签字，还要有审核和批准人员的签字。

参考文献

[1] 陈虹 . 印刷设备概论【M】. 北京 : 中国轻工业出版社 , 2022.

[2] 陈虹 . 平版印刷工【M】. 北京 : 印刷工业出版社 , 2007.

[3] 王淑华 . 印刷机结构与设计【M】. 北京 : 印刷工业出版社 , 1994.

[4] 宁荣华 . 海德堡 102 系列胶印机维修与调节【M】. 北京 : 印刷工业出版社 , 2005.

[5] 施向东 , 蔡吉飞 . 印刷设备管理与维护【M】. 北京 : 印刷工业出版社 , 2015.

[6] 谢普南 . 印刷设备【M】. 北京 : 印刷工业出版社 , 2003.

[7] 蔡吉飞 . 印刷生产与管理工作手册【M】. 北京 : 印刷工业出版社 , 2007.

[8] 潘杰 . 现代印刷机原理与结构【M】. 北京 : 化学工业出版社 , 2003.

[9] 蔡吉飞 . 胶印机规范化操作与故障排除 【M】. 北京 : 化学工业出版社 , 2007.

[10] 蔡吉飞 . 胶印领机工作手册 : 使用与维修篇【M】. 北京 : 印刷工业出版社 , 2006.

[11] 蔡吉飞 . 胶印机维修 : 图文对照【M】. 北京 : 化学工业出版社 , 1998.

[12] 蔡吉飞 . 胶印领机必读【M】. 北京 : 印刷工业出版社 , 1997.

[13] 北人印刷机械股份有限公司等 . 单张纸平版印刷机四开及对开幅面 : GB/T 3264—2013【S】. 北京 : 中国标准出版社 , 2014.

[14] 光华机械有限公司等 . 单张纸双面平版印刷机 : JB/T 10828—2018【S】. 北京 : 中国标准出版社 , 2018.

[15] 北人印刷机械股份有限公司等 . 印刷机械 卷筒纸平版印刷机 : GB/T 25677—2010【S】. 北京 : 中国标准出版社 , 2010.

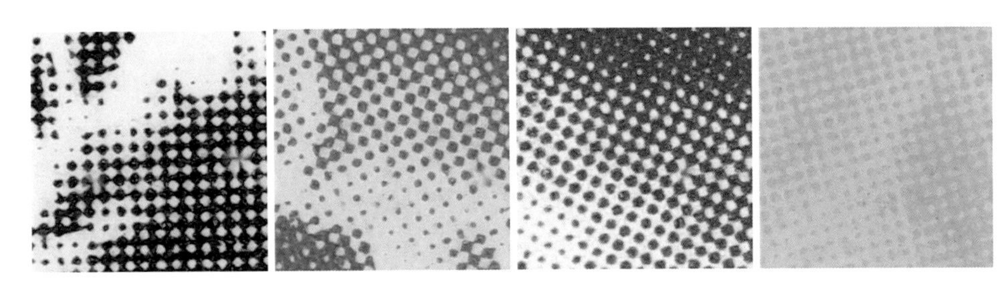

彩图 1

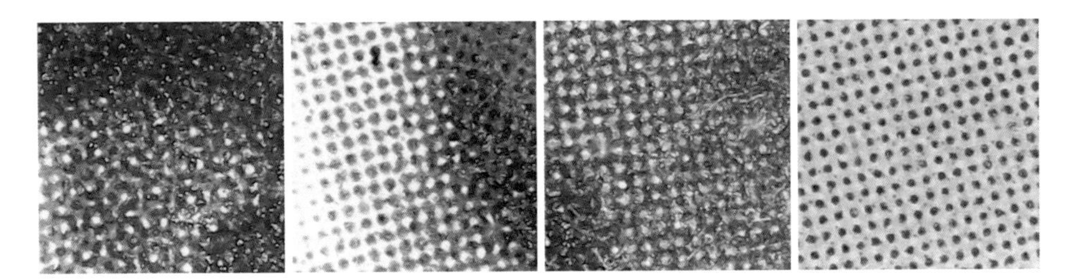

彩图 2

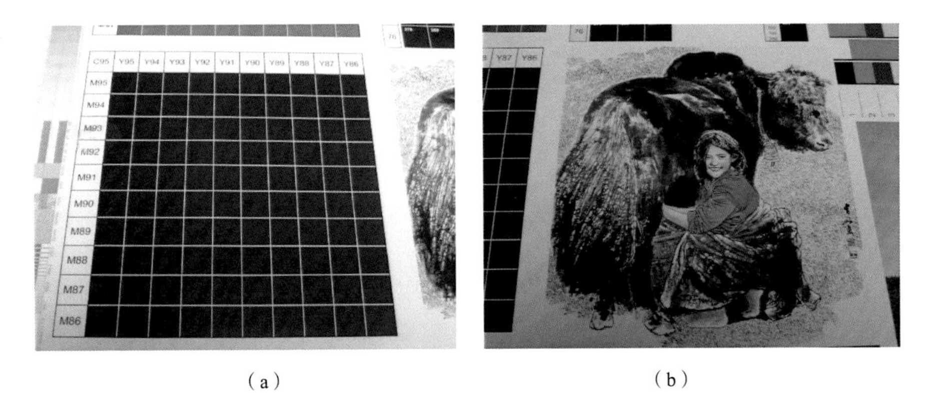

（a）　　　　（b）

彩图 3

（a）间色墨

（b）复色墨

（c）特殊的专色墨

彩图 4